AF757156

kompakt

Elemente Chemie

Paul Gietz

Ernst Klett Verlag
Stuttgart · Leipzig

1. Auflage 1 6 5 4 3 2 | 30 29 28 27 26

Alle Drucke dieser Auflage sind unverändert und können im Unterricht nebeneinander verwendet werden.
Die letzte Zahl bezeichnet das Jahr des Druckes.

Autor: Paul Gietz
Bei der Erstellung dieses Unterrichtswerkes wurde auch auf andere Titel des Ernst Klett Verlags zurückgegriffen. Deren Autorinnen und Autoren sind: Prof. Ulrich Bee, Oliver Blauth, Edgar Brückl, Prof. Werner Eisner, Paul Gietz, Heike Große, Edda Habekost, Dr. Erhard Irmer, Axel Justus, Prof. Matthias Kremer, Prof. Dr. Klaus Laitenberger, Prof. Heike Maier, Dr. Martina Mihlan, Hildegard Nickolay, Peter Nelle, Dr. Carsten Penz, Horst Schaschke, Dr. h. c. Elke Schumacher, Prof. Dr. Werner Schierle (†), Bärbel Schmidt, Andrea Schuck, Michael Sternberg, Dr. Jutta Töhl-Borsdorf, Prof. Karsten Wiese, Peter Zehentmeier, Dr. Thorsten Zippel.

Entstanden in Zusammenarbeit mit dem Projektteam des Verlages.

Umschlaggestaltung: normaldesign GbR, Schwäbisch Gmünd
Illustrationen: Alfred Marzell, Schwäbisch Gmünd; Karin Mall, Berlin
Satz: medienwerkstatt adrion, Bietigheim-Bissingen
Druck: Druckhaus Götz GmbH, Ludwigsburg

Printed in Germany
ISBN 978-3-12-756069-5

9 783127 560695

Inhaltsverzeichnis

Zusatzangebote im Internet:
Der angegebene Code führt zu den Lösungen der Aufgaben. Geben Sie den Code einfach in das Suchfeld auf www.klett.de ein.

Lösungen der Aufgaben
3vb5jq

1 Stoffe, Teilchen, Eigenschaften

Aggregatzustand	fest	flüssig	gasförmig
Ordnung der Teilchen und Bewegung	schwingen um feste Gitterplätze	keine festen Plätze, gegeneinander beweglich	kein Zusammenhalt, ungeordnete Bewegung
Anziehungskräfte zwischen den Teilchen	sehr stark	stark	sehr schwach
Teilchenmodell			
Stoffebene			

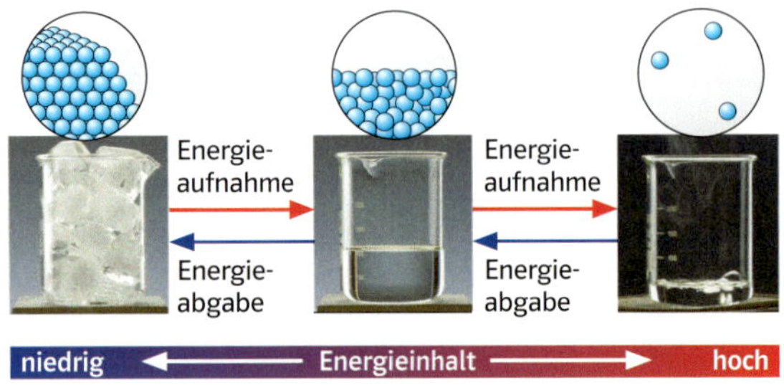

B1 *Aggregatzustände im Teilchenmodell und Energieinhalt*

Stoff	Schmelztemperatur ϑ_{sm} in °C	Siedetemperatur ϑ_{sd} in °C
Sauerstoff	−219	−183
Ether	−116	34
Alkohol	−117	78
Quecksilber	−39	356
Benzol	5	80
Glycerin	18	290
Schwefel	119	444
Blei	327	1740
Kochsalz	800	1460
Eisen	1535	2750

B2 *Schmelz- und Siedetemperaturen einiger Stoffe*

	Titan
Aggregatzustand bei 25 °C	*fest*
Farbe/ Oberfläche	*grau/ glänzend*
Härte	*hart*
Duktilität	*gut*
elektrische Leitfähigkeit	*gut*
Schmelztemperatur	*1660 °C*
Dichte	*4,51 g/cm³*

B3 *Steckbrief von Titan*

Stoffe haben verschiedene Eigenschaften. Dazu gehören z. B. Farbe, Verformbarkeit, elektrische Leitfähigkeit, Magnetisierbarkeit, Schmelz- und Siedetemperatur, Dichte und Löslichkeit. Ein Stoff wird durch mehrere Eigenschaften charakterisiert, den man in einem *Steckbrief* zusammenfassen kann [B3]. Viele Eigenschaften von Stoffen kann man nur erklären, wenn man weiß, aus welchen Teilchen die Stoffe aufgebaut sind.

Teilchenmodell. Nach dem Teilchenmodell sind Stoffe aus kleinen Teilchen aufgebaut, die häufig sehr vereinfacht als Kugeln dargestellt werden. Mithilfe des Teilchenmodells lassen sich z. B. die Aggregatzustände und die Übergänge zwischen ihnen gut erklären [B1].

Messbare Stoffeigenschaften. Für die Identifizierung und Charakterisierung von Stoffen sind folgende Eigenschaften wichtig: Die mit den Sinnen wahrnehmbaren und die mit Zahlenwerten und Einheiten belegbaren Eigenschaften.
Die **Schmelz-** und die **Siedetemperaturen** geben die Temperaturen an, bei denen Stoffe vom festen in den flüssigen bzw. vom flüssigen in den gasförmigen Zustand übergehen. Schmelz- und Siedetemperatur hängen vom Druck ab. Die in Tabellen angegebenen Werte beziehen sich meist auf einen Druck von p = 1013 hPa, den Normaldruck [B2].

Die **Löslichkeit** eines Stoffes gibt an, wie viel Gramm eines Stoffes sich in 100 g Lösungsmittel (z. B. Wasser) lösen. Lösungen haben andere Eigenschaften als das reine Lösungsmittel (z. B. Dichte, Schmelz- und Siedetemperatur). Masse (m) und Volumen (V) sind Eigenschaften einer Stoffportion, aber keine Eigenschaft eines Stoffes. Masse und Volumen sind *extensive Größen*. Die Quotient aus der Masse m und dem Volumen V einer Stoffportion ergibt eine für einen Stoff charakteristische Eigenschaft, die **Dichte** ϱ. Die Dichte ist eine *intensive Größe*.

$$\text{Dichte} = \frac{\text{Masse}}{\text{Volumen}} \qquad \varrho = \frac{m}{V}$$

ϱ: Dichte eines Stoffes

m: Masse einer Stoffportion

V: Volumen einer Stoffportion

Häufige Einheiten: g/cm³, g/l, kg/m³

Dichten, vor allem die der Gase, sind abhängig von Temperatur und Druck. Tabellenwerte beziehen sich meist auf einen Druck von 1013 hPa und eine Temperatur von 20 °C [B7].

Mit den messbaren Stoffeigenschaften lassen sich Stoffe identifizieren und charakterisieren.

B4 *Ätherische Öle sind flüchtige Stoffe*

B5 *Gips, Calcit und Kupfersulfat sind Salze*

B6 *Rohre aus dem Metall Kupfer*

Anhand ihrer Eigenschaften kann man die Stoffe in Stoffklassen einteilen. Drei wichtige Stoffklassen sind die flüchtigen Stoffe, die Salze und die Metalle.

Stoffklassen. Stoffe mit niedrigen Schmelz- und Siedetemperaturen gehören zu den **flüchtigen Stoffen** (z.B. Wasser, Alkohol, alle Gase). Die meisten dieser Stoffe sind bei Zimmertemperatur flüssig oder gasförmig [B4], sie leiten nicht den elektrischen Strom.

Harte und spröde Stoffe mit hoher Schmelztemperatur, die wie Kochsalz Kristalle bilden können, gehören zu den **Salzen** (z.B. Kochsalz, Gips, Calcit, Kupfersulfat) [B5]. Viele Salze lösen sich gut in Wasser. Wässrige Lösungen und Schmelzen der Salze leiten den elektrischen Strom.

Die dritte Stoffklasse bilden die **Metalle.** Metalle sind wichtige Werkstoffe, sie zeichnen sich durch einige gemeinsame Eigenschaften aus [B6]:
- gute Leitfähigkeit für den elektrischen Strom
- gute Leitfähigkeit für Wärme
- gute Verformbarkeit
- typischer Oberflächenglanz

Die Metalle lassen sich nach ihrer Dichte in **Leicht-** und **Schwermetalle** einteilen. Leichtmetalle haben eine Dichte kleiner als $\varrho = 5\,g/cm^3$. **Edelmetalle** behalten ihren Glanz auch an feuchter Luft, **unedle Metalle** sind an feuchter Luft nicht lange unverändert beständig, sie reagieren mit dem Sauerstoff der Luft.

Stoffe lassen sich aufgrund gemeinsamer Eigenschaften zu Stoffklassen zusammenfassen.

Nicht alle Stoffe können in diese drei Stoffklassen eingeordnet werden. So gehört z.B. Zucker nicht in die Stoffklasse der Salze, obwohl er Kristalle bildet und sich gut in Wasser löst. Seine wässrige Lösung leitet jedoch nicht den elektrischen Strom und beim Schmelzen zersetzt er sich. Auch Eiweiß, Stärke und Kunststoffe gehören zu keiner dieser Stoffklassen.

Legierungen. Schmilzt man verschiedene Metalle zusammen, bilden sich Legierungen [B8]. Diese haben andere Eigenschaften als die reinen Metalle. Aus den recht weichen Metallen Kupfer und Zinn entsteht so die wesentlich härtere und bei niedrigeren Temperaturen schmelzende Bronze. Auch Eisen wird in reiner Form kaum verwendet. Spricht man von Eisen, ist fast immer Stahl gemeint. Das sind Legierungen, die Eisen als Hauptbestandteil und daneben noch andere Metalle und Kohlenstoff enthalten. Die verschiedenen Stahlsorten haben ganz unterschiedliche Eigenschaften.

Name der Legierung	Verwendungsbeispiele	Zusammensetzung Massenanteile
Neusilber (Alpaka)	Modeschmuck, Kern von versilbertem Besteck	30–70 % Kupfer 11–26 % Nickel 12–44 % Zink
Glockenbronze	Glocken, Skulpturen	75–80 % Kupfer 20–25 % Zinn
Messing	Beschläge, Armaturen Schrauben, Schmuck	60–70 % Kupfer 30–40 % Zink
Nordisches Gold	10-, 20-, 50-Ct-Münzen	89 % Kupfer 5 % Aluminium 5 % Zink 1 % Zinn
Stahl (Edelstahl, V2A)	„rostfreie" Gegenstände aus Eisen, Besteck	68–88 % Eisen 12–18 % Chrom 0–14 % Nickel

B8 *Legierungen*

Stoffe	Dichte in g/cm^3
Stickstoff	0,00116
Sauerstoff	0,00133
Alkohol	0,79
Wasser	1,0
Quecksilber	13,55
Magnesium	1,74
Aluminium	2,70
Eisen	7,87
Kupfer	8,93
Blei	11,34
Gold	19,32

B7 *Dichte einiger Stoffe bei 20 °C*

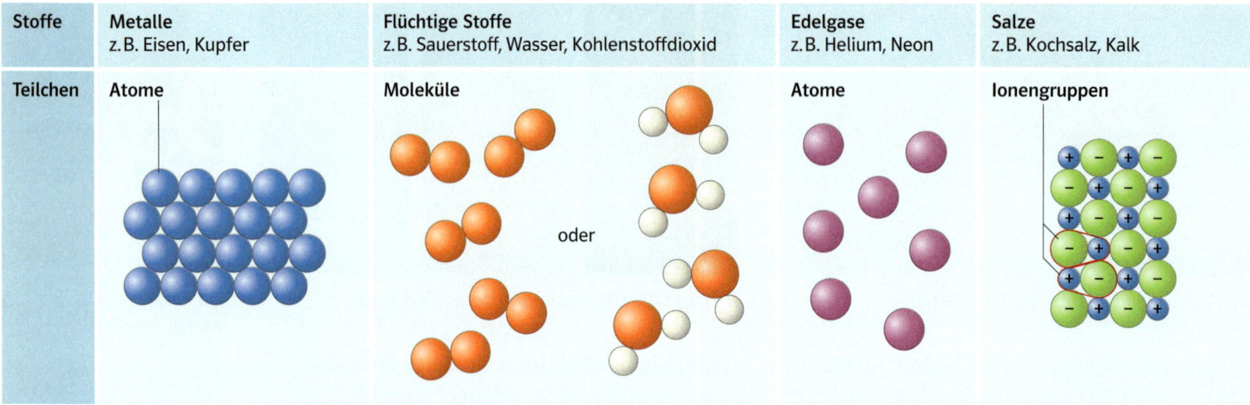

***B9** Alle Stoffe bestehen aus Atomen, Molekülen oder Ionen*

Die ähnlichen Eigenschaften der Vertreter einer Stoffklasse beruhen auf den Teilchen, aus denen die Stoffe aufgebaut sind.

Die **Metalle** bestehen aus **Atomen**, die in großen Atomverbänden angeordnet sind [B9]. Dies erklärt auch die hohen Schmelz- und Siedetemperaturen. Die einzelnen Atome liegen dicht beieinander und ziehen sich an. Soll ein Metall geschmolzen werden, müssen sich die Atome voneinander lösen. Dazu sind hohe Temperaturen nötig.

Flüchtige Stoffe. Die Teilchen der flüchtigen Stoffe bestehen aus mehreren Atomen, die miteinander verbunden sind, den **Molekülen** [B9]. Zwischen den Molekülen wirken nur schwache Anziehungskräfte, sodass die Stoffe schon bei niedrigeren Temperaturen schmelzen oder sieden [B10].
Es gibt aber auch flüchtige Stoffe, deren Teilchen einzelne Atome sind. Dazu gehören Helium, Neon und die anderen **Edelgase**.

Flüchtiger Stoff	Schmelztemperatur ϑ_{sm} in °C	Siedetemperatur ϑ_{sd} in °C
Wasser	0	100
Alkohol	−117	78
Glycerin	18	290
Stickstoff	−210	−196
Argon	−189	−186
Sauerstoff	−218	−183

Salz	Schmelztemperatur ϑ_{sm} in °C
Kupfersulfid	1130
Eisensulfid	1193
Kochsalz	800
Silbersulfid	830
Kaliumnitrat	334
Kupferoxid (rot)	1230

***B10** Schmelz- und Siedetemperaturen von flüchtigen Stoffen und Salzen*

Salze zeichnen sich durch hohe Schmelz- und Siedetemperaturen aus. Dies liegt daran, dass sie aus elektrisch positiv und negativ geladenen Teilchen, den **Ionen** [B9], bestehen, die in **Ionengruppen** angeordnet sind. Durch die elektrische Ladung wirken zwischen den Ionen sehr starke Anziehungskräfte. Dies erklärt die sehr hohen Schmelz- und Siedetemperaturen der Salze [B10].
Eine Kochsalz-Lösung leitet den elektrischen Strom. Dies ist auf die Ionen in der Lösung zurückzuführen. Wird ein Salz in Wasser gelöst oder geschmolzen, können sich die Ionen frei bewegen. Dies ermöglicht die elektrische Leitfähigkeit.

Die Eigenschaften der Metalle, flüchtigen Stoffe und Salze sind auf die Teilchen zurückzuführen, aus denen sie bestehen. Je stärker sich diese anziehen, desto höher sind die Schmelz- und Siedetemperaturen.

A1 ○ Ein Messzylinder, der im leeren Zustand 73 g wog, wurde mit 50 cm³ Alkohol gefüllt. Die Waage zeigt nun 112,5 g an. Berechne die Dichte des Alkohols.

A2 ◒ Gib zu den folgenden Stoffen an, ob sie aus Atomen, Molekülen oder Ionen aufgebaut sind: Wasser, Silber, Kupfersulfat, Kohlenstoffdioxid, Stickstoff.

A3 ● Erkläre, wie man feststellen kann, ob ein Gegenstand aus Gold oder Messing besteht, ohne ihn bei der Untersuchung zu zerstören.

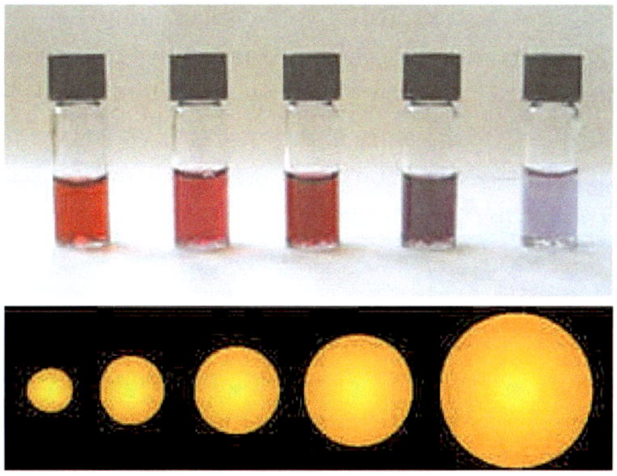

B11 *Die Farbe der Lösung ist abhängig von der Größe der Goldpartikel*

B12 *Sonnencreme mit Titandioxid (normale Partikelgröße)*

Metalle aus Nanopartikeln. In Metallen liegt eine große Anzahl von Atomen in einem Atomverband vor. Dies bestimmt die Eigenschaften der Metalle. Wenn die Atomverbände verkleinert werden, sodass sie nur noch aus wenigen Atomen bestehen, ändert sich das Verhältnis von Oberfläche zu Volumen. Damit ändern sich die Eigenschaften der Metalle sprunghaft. Diesen Effekt bemerkte man schon früh bei Gold. Hören wir „Gold", so denken wir an ein glänzendes Metall. Gold, das aus **Nanopartikeln** besteht, glänzt nicht mehr und löst sich in geeigneten Lösungsmitteln unter Bildung einer roten Lösung [B11]. Auch die Schmelztemperatur von Gold, das aus Nanopartikeln besteht, ist drastisch reduziert.

Was sind Nanopartikel? Der Begriff „Nano" leitet sich von dem griechischen nanos ab und bedeutet „Zwerg" bzw. „zwergenhaft". Nanopartikel haben eine Größe von ca. 1 Nanometer bis 100 Nanometer. Um sich die Größe eines Nanopartikels vorstellen zu können, ist ein Vergleich in B13 dargestellt.

Verwendung von Nanopartikeln. Titandioxid ist ein Weißpigment, das häufig verwendet wird, z. B. in Wandfarben. Da Titandioxid auch UV-Strahlung reflektiert, enthalten fast alle Sonnencremes mit hohem Lichtschutzfaktor dieses Pigment. Sonnencreme, die Titandioxid mit normaler Partikelgröße enthält, hat den Nachteil, dass sie auf der Haut einen weißen Film bildet [B12]. Verwendet man Nanopartikel aus Titandioxid, so ist die Sonnencreme transparent.

In Tonern für Laserdrucker werden Nanopartikel eingesetzt. In Lebensmitteln wird Titandioxid (TiO_2) als Weißmacher verwendet, so z. B. in Joghurtdressings oder Kaugummis. Siliciumdioxid (SiO_2) verhindert das Verklumpen von Instantsuppen und Kaffeepulver. In der Medizin kommen Nanopartikel beispielsweise in der Krebstherapie zum Einsatz. Durch die geringe Partikelgröße können sie gut in Gewebe eindringen. Vor allem in Tumore, da deren Gewebeaufbau gestört ist. Auch in Kosmetika, in der Elektrotechnik und in Kleidung finden Nanopartikel Verwendung.

Gesundheitsgefahren durch Nanopartikel. Nanopartikel stehen im Verdacht für den Menschen gesundheitsschädlich zu sein. Dies ist insbesondere der Fall, wenn die Partikel in der Luft schweben, so z. B. bei Emissionen von Tonerkartuschen oder bei Nanopartikeln in Sprays. Entzündungen im Lungengewebe können die Folge sein.

Nanopartikel sind sehr kleine Partikel. Besteht ein Stoff aus Nanopartikeln, so zeigt er andere Eigenschaften als bei normaler Partikelgröße.

A4 ◒ Erläutere, warum von Nanopartikeln in der Luft besondere Gefahren ausgehen können.

A5 ● Recherchiere, worauf der Lotuseffekt zurückzuführen ist.

Nanometer (nm)
1 nm = 0,000 000 001 m
= 0,000 001 mm
= 0,001 mm

Partikel lat. particulus, kleines Teilchen

Nanopartikel werden auch als Nanoteilchen bezeichnet. Engl.: nanoparticles

Emission von lat. emittere, herausschicken, aussenden. Ausstoß oder Abgabe von Stoffen oder Einwirkungen auf die Umwelt (Boden, Wasser, Luft)

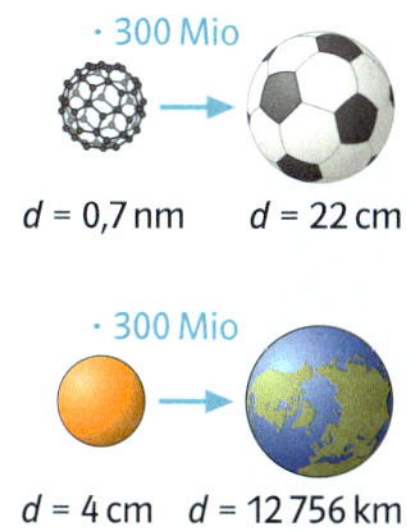

B13 *Ein Nanopartikel ist 300 Millionen mal kleiner als ein Fußball: ein Größenverhältnis wie zwischen Tischtennisball und Erde*

2 Mischen und Trennen

B1 *Wasser – ein Reinstoff, Wein – ein Gemisch*

	Beispiele für die Bestandteile *Aggregatzustände vor dem Mischen*		Bezeichnung des Gemisches	Beispiele
Heterogene Gemische	Feldspat, Quarz *fest*	Glimmer *fest*	**Feststoffgemisch**	Granit
	Farbstoffpartikel *fest*	Wasser oder anderes Lösungsmittel *flüssig*	**Suspension**	Wandfarbe
	Ruß *fest*	Luft *gasförmig*	**Rauch**	Ruß in der Luft
	Fett *flüssig*	Wasser *flüssig*	**Emulsion**	Milch
	flüssige Seife, Wasser *flüssig*	Luft *gasförmig*	**Schaum**	Seifenblasen
	Wasser *flüssig*	Luft *gasförmig*	**Nebel**	Wasser in Luft (Wolken)
	gasförmig	*gasförmig*	(gibt es nicht)	–
Homogene Gemische	Zinn *fest*	Kupfer *fest*	**Legierung**	Bronze
	Salz *fest*	Wasser *flüssig*	**Lösung**	Salz-Lösung
	fest	*gasförmig*	(gibt es nicht)	–
	Wasser *flüssig*	Trinkalkohol *flüssig*	**Lösung**	Wein
	Wasser *flüssig*	Kohlenstoffdioxid *gasförmig*	**Lösung**	Sprudel in geschlossener Flasche
	Stickstoff *gasförmig*	Sauerstoff *gasförmig*	**Gasgemisch**	Luft

B2 *Heterogene und homogene Gemische*

Reinstoffe und Stoffgemische. Reinstoffe bestehen nur aus einer Stoffart. Sie sind durch ihre messbaren Eigenschaften eindeutig beschrieben. Die Mehrzahl der Stoffe besteht aus Stoffgemischen, die aus verschiedenen Reinstoffen bestehen.

Beim Granit sind schon mit bloßem Auge verschiedene Bestandteile sichtbar [B3]. Man nennt solche Gemische daher **heterogene Gemische**. Bei einer Kochsalz-Lösung sind die einzelnen Bestandteile nicht erkennbar, auch dann nicht, wenn Lupe oder Mikroskop zur Untersuchung eingesetzt werden. Die Kochsalz-Lösung ordnet man der zweiten Gruppe von Gemischen zu, den **homogenen Gemischen**.

In heterogenen Gemischen bleiben die Stoffeigenschaften der Bestandteile erhalten. Homogene Gemische haben nicht die Eigenschaften mehrerer Stoffe, sondern nur *einen* Satz von Eigenschaften wie ein Reinstoff. Betrachtet man z. B. die Siedetemperatur eines Wasser-Trinkalkohol-Gemisches, so findet man einen gänzlich verschiedenen Wert gegenüber Wasser und Trinkalkohol, den Bestandteilen, aus denen man dieses homogene Gemisch herstellt.

Die meisten Stoffe unserer Umwelt sind keine Reinstoffe, sondern Gemische von Reinstoffen.

Bei heterogenen Gemischen sind die unterschiedlichen Bestandteile noch zu erkennen, z. B. mit der Lupe. Homogene Gemische sehen selbst unter dem Mikroskop einheitlich aus, sie besitzen nur einen Satz von Stoffeigenschaften.

Die eingesetzten Bestandteile eines Gemisches können in unterschiedlichen Aggregatzuständen vorliegen. Je nach Aggregatzustand und Löslichkeit der einzelnen Bestandteile gibt es für die jeweiligen homogenen und heterogenen Gemische unterschiedliche Bezeichnungen [B2].

Gemische im Teilchenmodell. Während Reinstoffe aus nur einer Teilchenart bestehen, setzen sich Gemische aus mindestens zwei verschiedenen Teilchenarten zusammen. Um sich eine Vorstellung vom jeweiligen Gemisch zu machen, hilft eine Darstellung im Teilchenmodell [B3]. Stoffgemische lassen sich durch verschiedene Trennverfahren in ihre Reinstoffe trennen [B4].

Industrielle Salzgewinnung. Kochsalz gewinnt man heute zumeist aus Steinsalz, das in Bergwerken abgebaut wird. Steinsalz ist ein Gemisch aus Kochsalz und Gestein. Zur Trennung vom Begleitgestein nutzt man die unterschiedlichen Löslichkeiten der Stoffe in Wasser aus. Kochsalz ist in Wasser sehr gut löslich, das Begleitgestein dagegen kaum. Das Steinsalz wird mit Wasser vermischt, die so erhaltene Salzlösung (Sole) wird filtriert und eingedampft.

Beim Eindampfen nutzt man die unterschiedlichen Siedetemperaturen, um ein Stoffgemisch zu trennen. Wird eine Kochsalz-Lösung erhitzt, verlassen die Wasser-Teilchen die Lösung, während die Kochsalz-Teilchen in der Abdampfschale zurückbleiben.

Beim Filtrieren werden ungelöste Feststoffe von einer Flüssigkeit abgetrennt.

Beim Eindampfen gewinnt man gelöste Stoffe zurück. Die Flüssigkeit verdampft, die Feststoffe bleiben zurück.

Eindampfen im Alltag. Um eine geschmackvolle Bratensoße zu erhalten, wird diese beim Kochen häufig eingedampft. Dabei verdampft ein Teil des Wassers. Die Soße wird beim Eindampfen dickflüssig und schmeckt salziger und intensiver. Marmelade wird durch Einkochen von Früchten mit Zucker hergestellt. Dabei verdampft das Wasser aus der Fruchtmasse, die Marmelade dickt ein

B3 *Einige Gemische und deren Darstellung im Teilchenmodell*

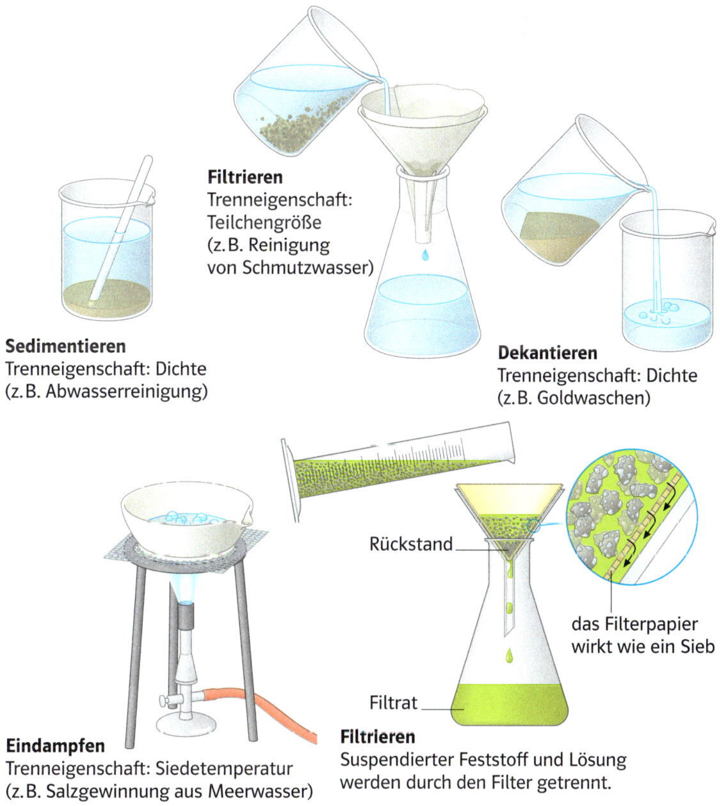

B4 *Verschiedene Trennverfahren im Überblick*

A1 ○ Beschreibe, worauf die Trennwirkung eines Papierfilters beim Filtrieren beruht.

A2 ◒ Rührt man ein Salatdressing an, so benötigt man als wichtigste Komponenten Essig und Öl. Welchen Gemischtyp erhält man durch Mischen dieser beiden Stoffe? Begründe.

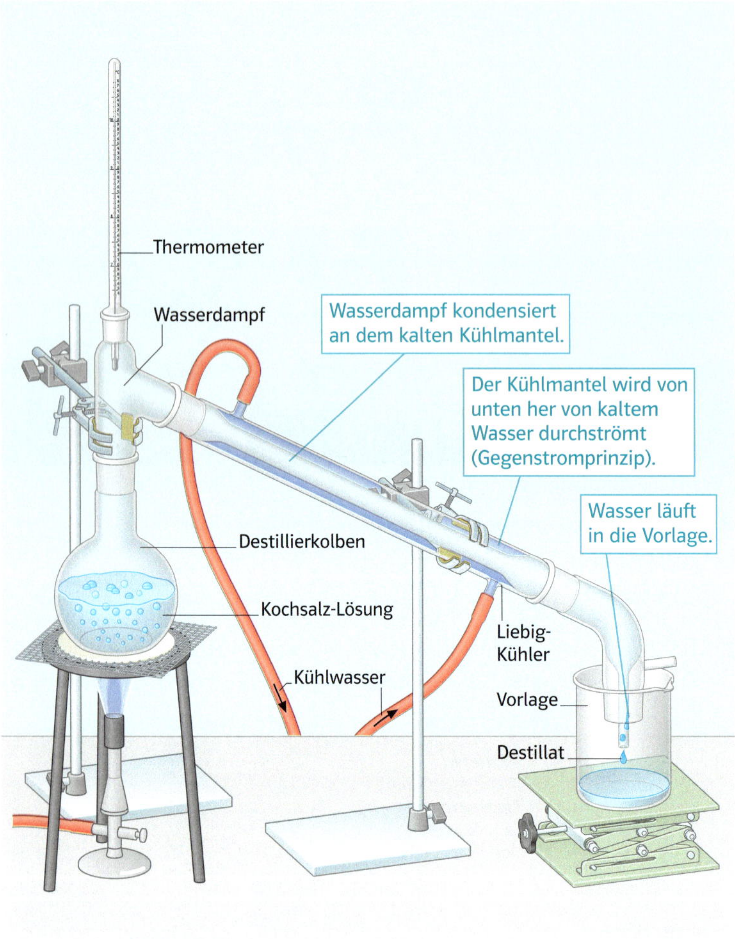

B5 *Destillationsapparatur mit Gegenstromkühler*

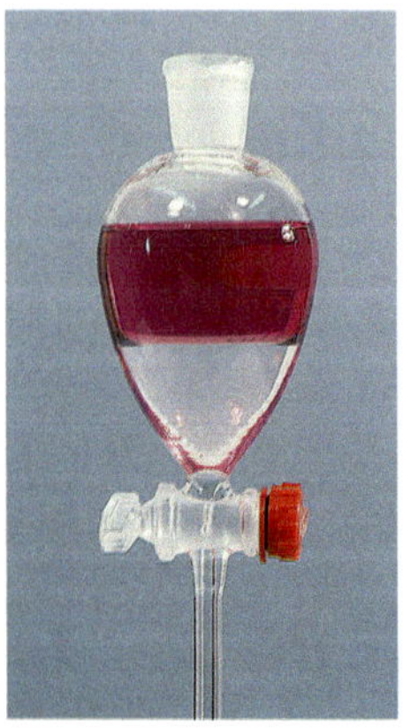

B6 *Trennung zweier Flüssigkeiten im Scheidetrichter.*

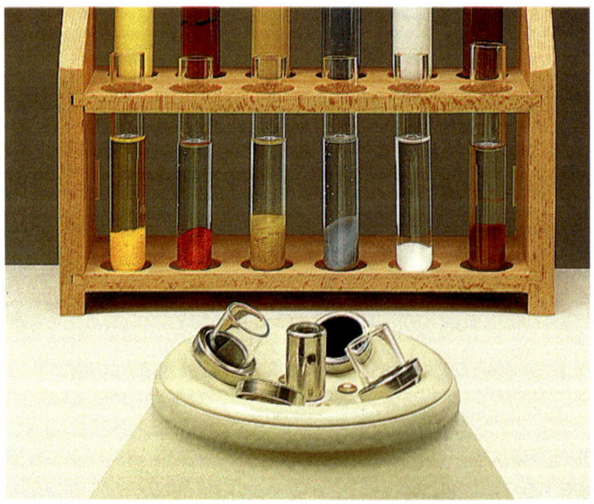

B7 *Zentrifugieren beschleunigt das Absetzen*

Die Destillation. Bei der Herstellung von Branntwein wird häufig die **Destillation** angewendet. Durch alkoholische Gärung von Traubensaft entsteht Wein. Destilliert man diesen, so kann man Branntwein gewinnen. In einigen südlichen Ländern wird Meerwasser destilliert, um Trinkwasser zu gewinnen. Wein und Salzwasser sind homogene Gemische, deren Bestandteile sich in ihren Siedetemperaturen unterscheiden. Zur Trennung der Bestandteile wird die Lösung durch Wärmezufuhr zum Sieden gebracht; der Bestandteil mit der niedrigeren Siedetemperatur verdampft, der Dampf kondensiert in einem Kühler zum **Destillat**. Liegen die Siedetemperaturen der Bestandteile einer Lösung nah beieinander, so gelingt es nicht, diese Bestandteile durch eine einzige Destillation zu trennen, es muss dann mehrfach destilliert werden. Eine häufig im Labor eingesetzte Destillationsapparatur zeigt [B5].

Die Trennung eines Gemisches durch Verdampfen und anschließendes Kondensieren heißt Destillation. Durch Destillation können Gemische aus Flüssigkeiten umso besser getrennt werden, je weiter deren Siedetemperaturen auseinander liegen.

Extrahieren (Herauslösen). Bei dieser Trennmethode wird die unterschiedliche Löslichkeit der Gemischbestandteile ausgenutzt. So kann Pflanzenfett aus Samen mit geeigneten Lösungsmitteln herausgelöst (extrahiert) werden. Zwei ineinander nicht lösliche Flüssigkeiten lassen sich mit einem Scheidetrichter dadurch trennen, dass man die Flüssigkeit mit der größeren Dichte unten ablässt [B6].

Zentrifugieren. Ein heterogenes Gemisch aus Stoffen verschiedener Dichten lässt sich in einer Zentrifuge trennen [B7]. Das Gemisch wird in Reagenzgläser gegeben, die schräg in die Zentrifuge eingesetzt werden. Die Zentrifuge dreht sich sehr schnell im Kreis, sodass sich die Stoffe mit der größten Dichte des Gemisches unten in den Reagenzgläsern sammeln.

Beim Extrahieren nutzt man die unterschiedlichen Löslichkeiten, beim Zentrifugieren die unterschiedlichen Dichten zur Trennung der Gemischbestandteile.

Chromatografie. Lässt man Wasser auf einem Filterpapier über schwarze, wasserlösliche Filzstiftfarbe laufen, so „zerläuft"die schwarze Farbe. Es werden nach und nach unterschiedliche Farben sichtbar [B9]. Die schwarze Filzstiftfarbe ist also ein Gemisch aus unterschiedlichen Farbstoffen, die so voneinander getrennt werden. Dieses Trennverfahren nennt man **Chromatografie**.

Die Chromatografie beruht auf folgenden Grundlagen: Bei der **Papierchromatografie** wird die zu untersuchende **Probe** zunächst gelöst. Die gelöste Probe trägt man auf einen Chromatografiestreifen auf und lässt sie trocknen. Nun stellt oder hängt man den Papierstreifen in eine Trennkammer, z. B. ein verschließbares Glas [B8]. In der Trennkammer befindet sich eine Flüssigkeit oder ein Flüssigkeitsgemisch, das auch **Laufmittel** oder **Fließmittel** genannt wird.

Das Papier saugt das Fließmittel an. Das Fließmittel wandert über die Probe und löst die Stoffe der Probe.

Da das Fließmittel sich mit den gelösten Stoffen der Probe bewegt, spricht man von der **mobilen Phase**. Die unbewegliche Oberfläche des Papiers bildet die **stationäre Phase**.
Die Teilchen der unterschiedlichen Stoffe der Probe haften unterschiedlich stark an der stationären Phase. Sie werden unterschiedlich stark adsorbiert. Stoffe, deren Teilchen schwach von der stationären Phase adsorbiert werden, wandern mit der mobilen Phase schneller vom Start weg. Zur Identifizierung eines Stoffes in der Probe lässt man den Stoff mitwandern, von dem man vermutet, dass er in der Probe enthalten sein könnte. Dabei erreichen gleiche Stoffe die gleiche Höhe auf dem Chromatografiepapier.

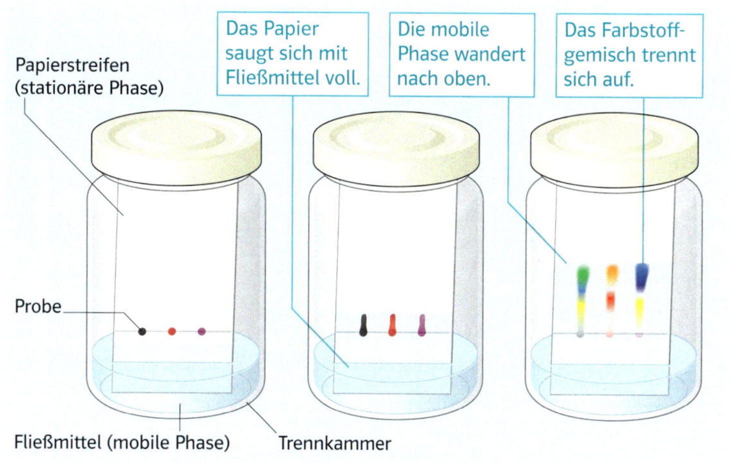

B8 *Das Trennprinzip der Papier- und Dünnschichtchromatografie*

Setzt man anstelle des Chromatografiepapiers eine Platte ein, die mit einer dünnen Schicht Cellulose oder Kieselgel belegt ist, führt man eine **Dünnschichtchromatografie** durch.

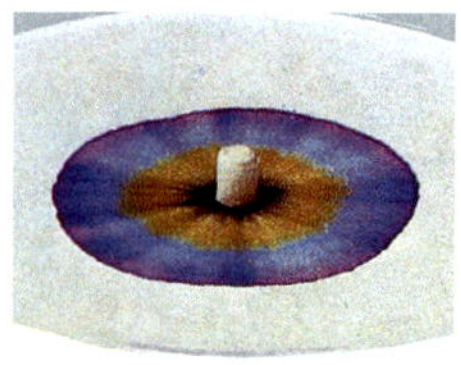

B9 *Papierchromatografie. Schwarze Filzschreiberfarbe wird in einzelne Farbstoffe aufgetrennt*

Die Chromatografie ist ein Trennverfahren, bei dem Stoffe unterschiedlich schnell von einer mobilen Phase über eine stationäre Phase transportiert werden.

Trennverfahren	Anwendungsbeispiele	Unterschiedliche Eigenschaften
Schwimmtrennung	Erzaufbereitung	Dichte
Zentrifugation	Blutbestandteile trennen	Dichte
Sedimentation	Abwasserreinigung	Dichte
Ausschmelzen	Schwefelgewinnung	Schmelztemperatur
Eindampfen	Soßenzubereitung	Siedetemperatur
Destillation	Weinbrennen	Siedetemperatur
Magnettrennung	Müllsortierung	Magnetisierbarkeit
Entstaubung	Elektrofilter	Elektrostatische Anziehung
Filtration	Wasserreinigung	Teilchengröße
Chromatografie	Farbstoffgemischtrennung	Haftfähigkeit
Extraktion	Fettgewinnung	Löslichkeit

B10 *Einige Trennverfahren und ihre Anwendung*

A3 Welche Gemische lassen sich durch Destillation trennen. Begründe.

A4 Begründe, warum sich ein Gemisch aus Alkohol und Wasser im Scheidetrichter nicht trennen lässt.

A5 Beschreibe die Funktion der mobilen und stationären Phase bei der Chromatografie.

A6 Erläutere, wie ein Stoff eines Stoffgemisches mit der Chromatografie identifiziert werden kann.

Chromatografie von griech. chroma, Farbe und graphein, schreiben. Die Namensgebung rührt von der ursprünglichen Verwendung dieses Verfahrens zur Trennung von Blattfarbstoffen her.

3 Verbrennung und Sauerstoff

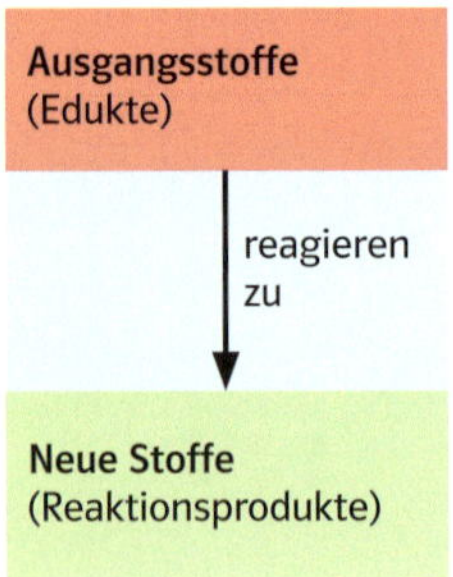

Magnesium + Sauerstoff ⟶ Magnesiumoxid

Magnesium und Sauerstoff reagieren zu Magnesiumoxid

***B1** Magnesium reagiert mit reinem Sauerstoff heftig zu Magnesiumoxid*

Beim Erhitzen von Metallen an der Luft lassen sich unterschiedliche Beobachtungen machen.

Metalloxide. Ein Platindraht glüht beim Erhitzen, nach dem Erkalten liegt der Platindraht unverändert vor. Eisenwolle verglüht, zurück bleibt ein blauschwarzer, spröder Stoff. Auf einem Kupferblech bildet sich eine schwarze Schicht. Magnesium [B1] und Zinkwolle verbrennen mit grellweißen Flammen, zurück bleiben ascheartige Stoffe. Beim Erhitzen der Metalle Eisen, Kupfer, Zink und Magnesium an der Luft entstehen neue Stoffe. Diese neuen Stoffe entstehen auch, wenn man die Metalle in reinem Sauerstoff verbrennt. Bei der Verbrennung der Metalle handelt es sich um einen Vorgang, bei dem aus zwei Ausgangsstoffen (Edukten), dem Metall und Sauerstoff, ein neuer Stoff, das Reaktionsprodukt, entsteht. Die Verbrennung ist eine chemische Reaktion.

***B2** Eisenpulver verbrennt in einem Funkenregen zu Eisenoxid*

Die bei der Reaktion von Metallen mit Sauerstoff entstehenden Reaktionsprodukte nennt man Metalloxide.

Eine chemische Reaktion lässt sich mit einem Reaktionsschema kurz darstellen [B1].

Verbrennung und Zerteilungsgrad. Die Metalle Kupfer, Eisen, Zink und Magnesium reagieren unterschiedlich heftig mit Sauerstoff. Die Heftigkeit der Reaktion hängt hier von dem brennbaren Stoff ab.

***B3** Schwefel verbrennt mit bläulicher Flamme zu Schwefeldioxid*

Der gleiche Stoff kann allerdings auch unterschiedlich heftig verbrennen. So verbrennt Eisenpulver heftiger als Eisenwolle [B2]. Ein Eisennagel überzieht sich nur langsam mit einer Oxidschicht.

Je stärker ein brennbarer Stoff zerteilt ist, desto größer ist seine Oberfläche und umso schneller und heftiger verbrennt er.

Nichtmetalloxide. Nicht nur Metalle reagieren mit Sauerstoff zu Oxiden, auch die Nichtmetalle Schwefel und Kohlenstoff bilden mit Sauerstoff Oxide. Schwefeldioxid entsteht bei der Verbrennung von Schwefel [B3]. Es ist sehr giftig.
Bei der Verbrennung von Kohlenstoff entsteht Kohlenstoffdioxid [B6]. Es lässt sich durch die Trübung von Kalkwasser nachweisen. Schwefeldioxid und Kohlenstoffdioxid bilden mit Wasser saure Lösungen [B7].

Schwefeldioxid und Kohlenstoffdioxid sind Nichtmetalloxide.

Verbrennung und Schadstoffe. Die Luft besteht im Wesentlichen aus Stickstoff und Sauerstoff [B4].
Bei der Verbrennung von Brennstoffen wie Kohle, Erdgas und Erdöl entstehen Kohlenstoffdioxid und in geringem Anteil Schwefeldioxid. Laufen Verbrennungen bei hohen Temperaturen ab, reagieren Stickstoff und Sauerstoff miteinander. Dabei entstehen Stickstoffdioxid und weitere Stickstoffoxide.

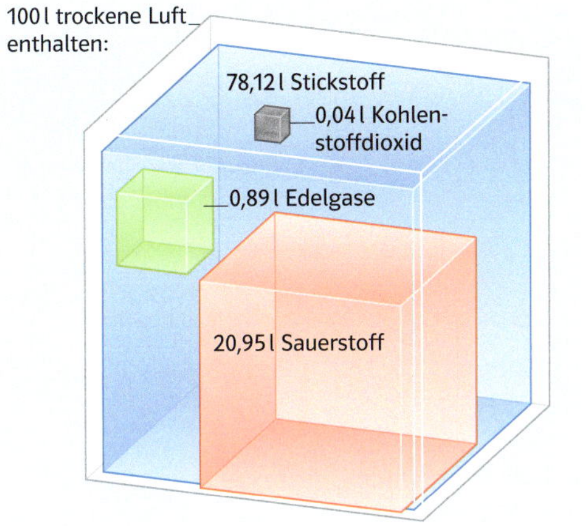

B4 *Zusammensetzung von 100 Litern Luft*

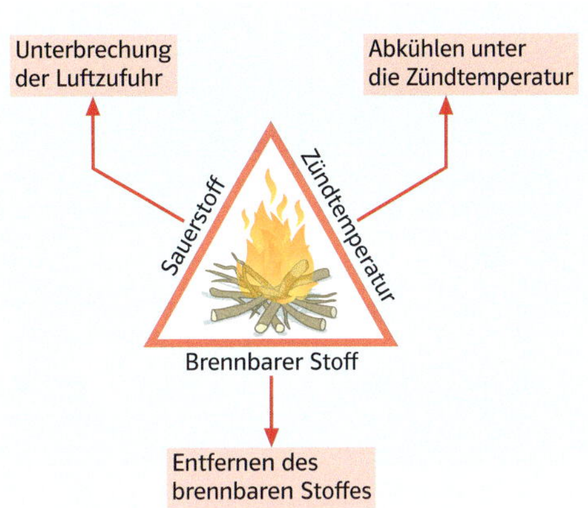

B5 *Möglichkeiten zur Brandbekämpfung*

B6 *Holzkohle verbrennt in Sauerstoff zu Kohlenstoffdioxid*

Die Stickstoffoxide und Schwefeldioxid reizen die Schleimhäute und schädigen die Atmungsorgane. In der feuchten Luft bilden diese Oxide Lösungen, die den Regen sauer machen [B7]. Durch diesen sauren Regen werden Gesteine, die Kalk enthalten, zerstört. Außerdem werden diese Oxide für Waldschäden mitverantwortlich gemacht.

Schwefeldioxid und Stickstoffoxide sind Luftschadstoffe.

Das bei der Verbrennung der Brennstoffe gebildete Kohlenstoffdioxid verstärkt den von Menschen verursachten Treibhauseffekt.

Kohlenstoffdioxid ist ein Treibhausgas.

Brände verhüten und löschen. Zur Entstehung eines Feuers sind ein brennbarer Stoff, die Anwesenheit von Sauerstoff und das Erreichen der Zündtemperatur notwendig. Wird eine dieser Voraussetzungen nicht erfüllt, kann kein Feuer entstehen. Entzieht man einem Brand eine der Voraussetzungen, erlischt der Brand [B5].

Brände lassen sich am besten verhüten oder löschen, indem man den brennbaren Stoff oder den Sauerstoff entzieht oder die Zündtemperatur der brennbaren Stoffe unterschreitet.

B7 *Versetzt man eine Lösung von Schwefeldioxid in Wasser mit Universalindikator, so zeigt er eine saure Lösung an*

A1 ○ Beschreibe den grundlegenden Unterschied zwischen dem Mischen von Stoffen und einer chemischen Reaktion. Nenne Beispiele.

A2 ○ Stelle für die Reaktionen von **a)** Zink und Sauerstoff und **b)** Schwefel und Sauerstoff die Reaktionsschemata auf.

A3 ○ Stelle dar, welche Gemeinsamkeiten du in den Eigenschaften der Metalloxide erkennst. Beschreibe, wie sich davon die Eigenschaften der Nichtmetalloxide unterscheiden.

A4 ◒ Erkläre, warum vor der Verbrennung von Heizöl der darin vorkommende Schwefel entfernt wird.

A5 ● In den Medien hört man immer wieder Nachrichten zum Klimawandel, der mit dem Treibhauseffekt zusammenhängt.
a) Erläutere den Unterschied zwischen dem natürlichen Treibhauseffekt und dem vom Menschen verursachten.
b) Beschreibe Maßnahmen, die Menschen ergreifen können, um der Verstärkung des Treibhauseffekts entgegenzuwirken.

A6 ● Erkläre, warum brennendes, heißes Fett [B8] oder Wachs auf keinen Fall mit Wasser gelöscht werden dürfen. Gib eine Möglichkeit zum Löschen eines kleines Fettbrandes im Haushalt an.

B8 *Brennendes Fett in einer Pfanne*

4 Chemische Reaktion

B1 *Eisen und Schwefel reagieren in einer exothermen Reaktion miteinander*

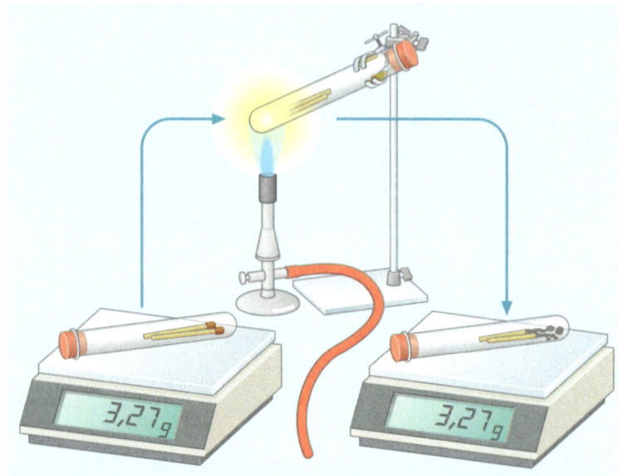

B4 *Massenerhaltung. Masse des Reagenzglases mit Inhalt vor und nach der Reaktion*

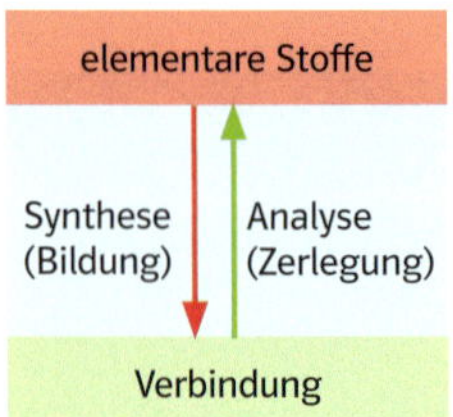

B2 *Bildung und Zerlegung*

Verbindungen und elementare Stoffe. Metalle reagieren mit Sauerstoff zu Metalloxiden, mit Schwefel zu Metallsulfiden. Die Metalle einerseits, Sauerstoff und Schwefel andererseits sind Reinstoffe, die sich nicht in andere Stoffe zerlegen lassen. Diese Stoffe sind *elementare Stoffe*. Metalloxide und Metallsulfide lassen sich durch chemische Reaktionen in die Metalle und Sauerstoff bzw. Schwefel zerlegen. Reinstoffe, die sich in mindestens zwei elementare Stoffe zerlegen lassen, sind *Verbindungen* [B2].

Die Reinstoffe lassen sich in elementare Stoffe und Verbindungen einteilen.

Massenerhalt und Massenverhältnisse. Ermittelt man bei einer chemischen Reaktion mit der Waage die Masse der Ausgangsstoffe (Edukte) und die Masse der Reaktionsprodukte, so erhält man das Gesetz von der Erhaltung der Masse [B4].

Bei jeder chemischen Reaktion ist die Gesamtmasse der Reaktionsprodukte gleich der Gesamtmasse der Ausgangsstoffe.

Verfolgt man in einer Versuchsreihe jeweils die Masse der Ausgangsstoffe, in der diese miteinander reagieren, so erhält man das Gesetz von den konstanten Massenverhältnissen.

Das Massenverhältnis der elementaren Stoffe, aus denen eine Verbindung entsteht oder in die sie zerlegt wird, ist konstant.

Elementname	Elementsymbol
Magnesium	Mg
Aluminium	Al
Eisen	Fe
Kupfer	Cu
Zink	Zn
Sauerstoff	O
Schwefel	S

B3 *Namen und Symbole einiger Elemente*

Reaktionsgleichung. Die Metalle sind Beispiele für elementare Stoffe. Ein elementarer Stoff besteht aus Atomen einer Atomart, die sich von den Atomen anderer elementarer Stoffe in ihrer Masse und Größe unterscheiden. Für die Atomarten wird der Begriff *Element* verwendet. Für die Elemente verwendet man *Elementsymbole*. Diese bestehen aus einem großen Buchstaben oder aus einem großen und einem kleinen Buchstaben [B3].

Das Elementsymbol für das Schwefel-Atom ist S, das Elementsymbol für das Aluminium-Atom ist Al. Für Verbindungen lassen sich Kombinationen aus den Elementsymbolen aufstellen. Al_2S_3 ist z. B. die Verhältnisformel für Aluminiumsulfid. Man spricht von einer Verhältnisformel, weil das Anzahlverhältnis der Atomarten durch die Formel wiedergegeben wird. Im Aluminiumsulfid ist es $N(\mathrm{Al}):N(\mathrm{S}) = 2:3$.
Mit den Elementsymbolen und den Formeln für Verbindungen kann man Reaktionsgleichungen aufstellen. Diese sind in allen Ländern der Erde gleich:

$$2\,\mathrm{Al} + 3\,\mathrm{S} \longrightarrow \mathrm{Al_2S_3}$$

In einer Reaktionsgleichung sind die Anzahlen der Atome jeder Atomart links und rechts vom Reaktionspfeil gleich.

Bei einer chemischen Reaktion gehen keine Atome verloren. Eine chemische Reaktion lässt sich als Umgruppierung der Atome und Ausbildung einer neuen Atomanordnung deuten.

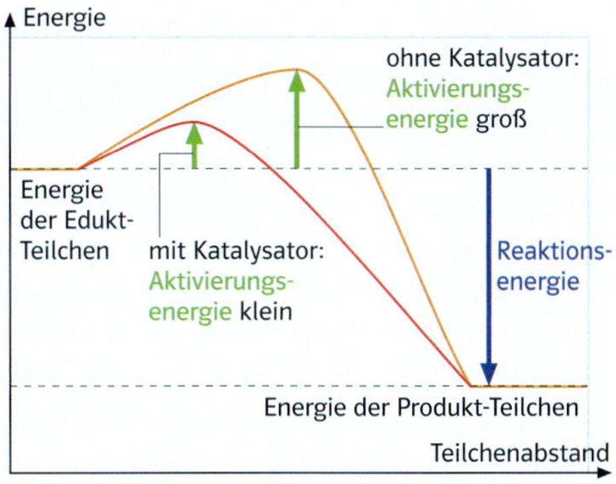

B5 *Aktivierungsenergie mit und ohne Katalysator*

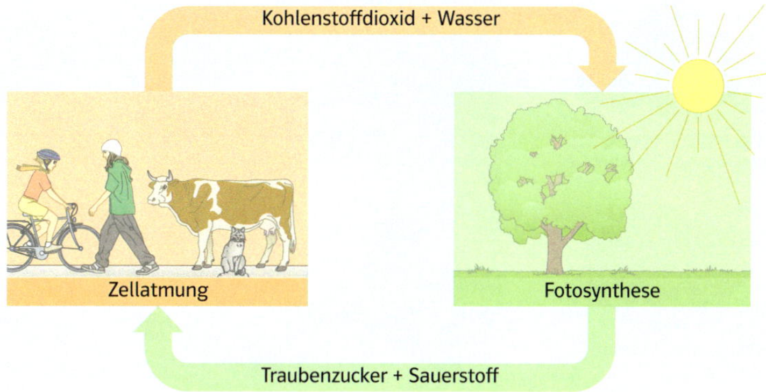

B6 *Der Kreislauf von Zellatmung und Fotosynthese*

Chemische Reaktionen und Energie. Erhitzt man ein Gemisch aus Eisen und Schwefel in einem kleinen Bereich bis zum Aufglühen [B1], so pflanzt sich das Glühen durch die ganze Stoffportion fort, obwohl der Brenner wieder entfernt wird. Das Reaktionsprodukt Eisensulfid ist sehr heiß. Die thermische Energie, die das Glühen verursacht, entsteht offenbar bei der Reaktion von Eisen mit Schwefel zu Eisensulfid. Diese Reaktion ist ein Beispiel für eine exotherme Reaktion [B7]. Die Zerlegung von Eisensulfid in Eisen und Schwefel gelingt nur, wenn man dem Eisensulfid die ganze Zeit thermische Energie zuführt, sonst hört die Reaktion auf. Die Zerlegung von Eisensulfid ist ein Beispiel für eine endotherme Reaktion [B7].

Chemische Reaktionen, die unter Energieabgabe ablaufen, nennt man exotherme Reaktionen. Chemische Reaktionen, die nur unter andauernder Energiezufuhr ablaufen, nennt man endotherme Reaktionen.

Aktivierungsenergie und Katalyse. Die Reaktion von Eisen mit Schwefel ist eine exotherme Reaktion. Um sie auszulösen, erhitzt man das Eisen-Schwefel-Gemisch an einer Stelle. Das Gemisch reagiert dann ohne weitere Zufuhr thermischer Energie und gibt Energie ab. Bei vielen exothermen Reaktionen muss man Aktivierungsenergie zuführen, um sie zu starten. Die Aktivierungsenergie ist die Energie, die ein Teilchen benötigt, um vom einen Teilchenverband in den anderen zu gelangen. Wenn ein kleiner Teil der Teilchen aktiviert ist, reicht die abgegebene thermische Energie aus, dass die Reaktion weiterläuft. Ein Katalysator ist ein Stoff, der die Aktivierungsenergie verringert. [B5]. Er beschleunigt dadurch die Reaktion, ohne selbst verbraucht zu werden.

Ein Katalysator ist ein Stoff, der die Aktivierungsenergie einer chemischer Reaktion verringert. Er beschleunigt dadurch die chemische Reaktion.

Chemische Reaktionen in Kreisläufen. Menschen und Tiere atmen Luft ein. Die Luft, die sie ausatmen, hat einen geringeren Anteil an Sauerstoff und einen höheren Anteil an Kohlenstoffdioxid, d.h., sie nehmen Sauerstoff auf und geben Kohlenstoffdioxid ab [B6]. Dass der Sauerstoff in der Atmosphäre trotzdem nie ausgeht, liegt daran, dass die Zellatmung und die Fotosynthese einen natürlichen Kreislauf bilden, an dem Kohlenstoffdioxid und Sauerstoff beteiligt sind.

Laufen chemische Reaktionen in einem Kreislauf ab, wechseln die Atome nur die Bindungspartner.

A1 ◒ Ein Stück Magnesiumband verbrennt erst, wenn es z.B. an einer Brennerflamme entzündet wird.
a) Erkläre, warum das Erhitzen notwendig ist.
b) Handelt es sich um eine endotherme oder exotherme Reaktion? Begründe deine Antwort.

A2 ● Recherchiere, wie ein Autoabgaskatalysator funktioniert.

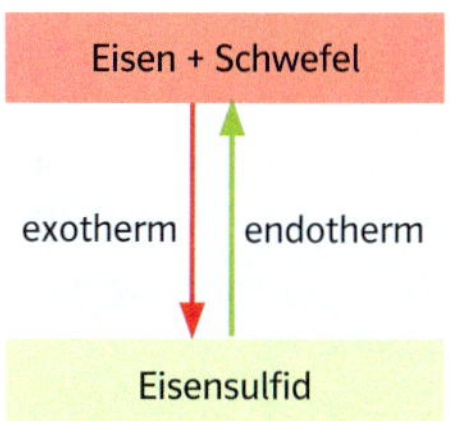

B7 *Bildung und Zerlegung von Eisensulfid*

endotherm, exotherm von griech. endon, innen; exo, außen; therme, Wärme

Bei einer endothermen Reaktion wird Energie aus der Umgebung aufgenommen, bei einer exothermen Reaktion abgegeben.

5 Metalle und Metallgewinnung

Magneteisenerz (Magnetit) enthält Fe_3O_4

Roteisenerz (Hämatit) enthält Fe_2O_3

Kupferkies enthält $CuFeS_2$

***B1** Erze für die Metallgewinnung*

***B2** Piercing. Metalle als Körperschmuck*

Metalle werden seit mehreren Tausend Jahren für Gebrauchs- und Schmuckgegenstände [B2] und zur Herstellung von Münzen verwendet. Allerdings kommen die meisten Metalle in der Natur nicht gediegen vor, sondern werden aus Erzen gewonnen. Viele Erze enthalten Metalloxide oder Metallsulfide [B1].

Metalle bilden eine Stoffklasse. Metalle leiten den elektrischen Strom und sind gute Wärmeleiter. Metalle lassen sich verformen, ohne zu zerbrechen. Metallstücke haben eine glänzende Oberfläche. Diese gemeinsamen Eigenschaften grenzen die Metalle von anderen Stoffen ab und werden bei ihrer vielfältigen Verwendung genutzt. Metalle, deren Dichte kleiner ist als $\varrho = 5\,g/cm^3$, bezeichnet man als Leichtmetalle, alle übrigen als Schwermetalle.

Alle Metalle sind elektrisch leitfähig und gute Wärmeleiter. Sie sind gut verformbar und zeigen eine glänzende Oberfläche.

Legierungen. Die Eigenschaften von metallischen Werkstoffen lassen sich noch verändern, indem man unterschiedliche Metalle zusammenschmilzt. Auf diese Weise entstehen homogene Gemische, die ebenfalls metallische Eigenschaften besitzen. Sie werden als Legierungen bezeichnet. Das Metall Eisen bildet im Stahl sogar Legierungen mit dem Nichtmetall Kohlenstoff.

Legierungen sind homogene Stoffgemische, meist aus verschiedenen Metallen.

***B3** Eisen reagiert mit Kupferoxid*

Sauerstoff-Übetragungsreaktionen. Ein Gemisch aus Eisen und Kupferoxid glüht nach kurzem Erhitzen auf [B3]. Eine Glühfront bewegt sich durch das Gemisch hindurch.

Nach dem Erkalten erkennt man rötliche Kügelchen und eine grauschwarze Masse. Das schwarze Kupferoxid reagiert mit dem grauen Eisen zu rötlichem Kupfer und grauschwarzem Eisenoxid. Diese Reaktion verläuft exotherm. Es handelt sich um eine Sauerstoff-Übertragungsreaktion. Die Kupferoxid-Verbindung überträgt ihre Sauerstoff-Atome auf die Eisen-Atome [B4]:

Abgabe von Sauerstoff-Atomen

$$\underset{\text{Kupferoxid}}{4\,CuO} + \underset{\text{Eisen}}{3\,Fe} \longrightarrow \underset{\text{Kupfer}}{4\,Cu} + \underset{\text{Eisenoxid}}{Fe_3O_4}$$

Aufnahme von Sauerstoff-Atomen

***B4** Abgabe und Aufnahme von Sauerstoff-Atomen*

Die Abgabe und die Aufnahme von Sauerstoff-Atomen laufen gleichzeitig ab. Man bezeichnet einen solchen Vorgang auch als **Donator-Akzeptor-Reaktion.** Die umgekehrte Reaktion (also Kupfer mit Eisenoxid) läuft nicht ab.

Damit ein Metall die Abgabe von Sauerstoff-Atomen eines Oxids bewirken kann, muss es selbst möglichst leicht Sauerstoff-Atome aufnehmen können [B5]. Metalle, die leicht mit Sauerstoff reagieren oder Sauerstoff-Atome von Metalloxiden übernehmen, zählt man zu den unedlen Metallen. Magnesium, Zink und Eisen sind unedle Metalle, Silber ist ein Edelmetall.

***B5** Fähigkeit zur Aufnahme und Abgabe von Sauerstoff-Atomen einiger Metalle und Metalloxide*

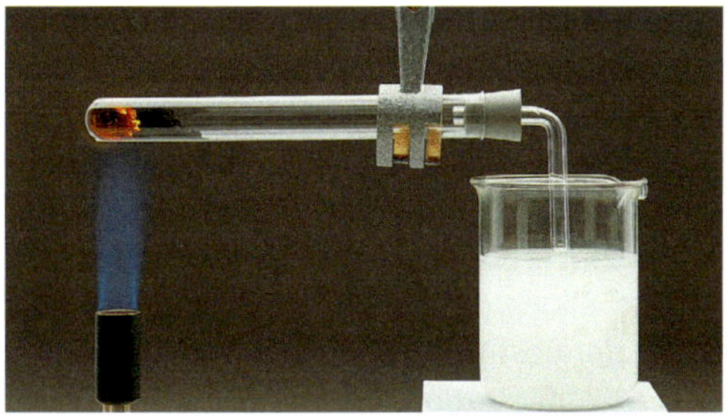

B6 Kohlenstoff reagiert mit Kupferoxid, Nachweis von Kohlenstoffdioxid mit der Kalkwasserprobe

Kohlenstoff reagiert mit Metalloxiden. Bei der Reaktion zwischen einem Metall und einem Metalloxid verbacken die neu gebildeten Stoffe häufig miteinander. Das Gemisch muss dann mühsam getrennt werden. Dieser Nachteil entfällt, wenn der Reaktionspartner mit Sauerstoff zu einem gasförmigen Stoff reagiert.

Erhitzt man ein Gemisch aus schwarzem Kupferoxid und Holzkohle, so glüht es auf. Im Kalkwasser perlen Gasblasen hoch, das Kalkwasser trübt sich [B6]. Nach dem Erkalten erkennt man im Reagenzglas einen rötlichen Feststoff. Auch hier findet eine Sauerstoff-Übertragungsreaktion statt. Kupferoxid und Kohlenstoff reagieren in einer exothermen Reaktion zu Kupfer und Kohlenstoffdioxid [B8]:

Abgabe von Sauerstoff-Atomen

$$2\,CuO + C \longrightarrow 2\,Cu + CO_2$$

Kupferoxid + Kohlenstoff ⟶ Kupfer + Kohlenstoffdioxid

Aufnahme von Sauerstoff-Atomen

B8 Sauerstoff-Übertragungsreaktion

Eine chemische Reaktion, bei der die Abgabe und Aufnahme von Sauerstoff-Atomen gleichzeitig ablaufen, nennt man eine Sauerstoff-Übertragungsreaktion.

Zwischen einem Metall und einem Metalloxid kann eine Sauerstoff-Übertragungsreaktion ablaufen, wenn das elementare Metall unedler ist als das Metall des Metalloxids.

Metallgewinnung aus sulfidischen Erzen. Mit Kohlenstoff lassen sich Metalle nur aus Oxiden gewinnen. Deshalb müssen sulfidische Erze zuerst mit Sauerstoff in Oxide überführt werden. Dabei entsteht auch Schwefeldioxid. Diese Reaktion bezeichnet man als „Rösten".

Metallsulfid + Sauerstoff ⟶ Metalloxid + Schwefeldioxid

Erst dann kann die eigentliche Metallgewinnung beginnen:

Metalloxid + Kohlenstoff ⟶ Metall + Kohlenstoffdioxid

Sulfidische Erze müssen erst in ihre Oxide überführt werden, bevor daraus das Metall gewonnen werden kann.

A1 ○ Stelle in einer Tabelle die Eigenschaften und wichtigen Verwendungen der folgenden Metalle zusammen: Aluminium, Blei, Eisen, Kupfer, Silber, Titan.

A2 ◒ Recherchiere die Zusammensetzungen der folgenden Legierungen: Neusilber, Bronze, Messing, Edelstahl.

A3 ● Beurteile mithilfe von B5, ob die folgenden Reaktionen möglich sind oder nicht. Stelle ggf. die Reaktionsgleichung auf und kennzeichne die Abgabe und Aufnahme von Sauerstoff-Atomen.
a) Kupferoxid + Zink
b) Magnesiumoxid + Kupfer
c) Silberoxid + Magnesium
d) Zinkoxid + Silber
e) Eisenoxid + Magnesium

A4 ● An Luft verbrennt Magnesium zu Magnesiumoxid (MgO). Hält man ein brennendes Magnesiumband in einen mit Kohlenstoffdioxid gefüllten Standzylinder, so brennt es weiter. Dabei entsteht ein weißer und ein schwarzer Stoff.
a) Formuliere das Reaktionsschema.
b) Formuliere die Reaktionsgleichung.
c) Begründe, warum man aus Magnesiumoxid und Koks kein Magnesium gewinnen kann.

B7 Eisenkies, auch Katzengold genannt, besteht aus FeS_2

Holzkohle besteht überwiegend aus Kohlenstoff.

B9 Spielzeug aus einer Metalllegierung

6 Atombau und Periodensystem

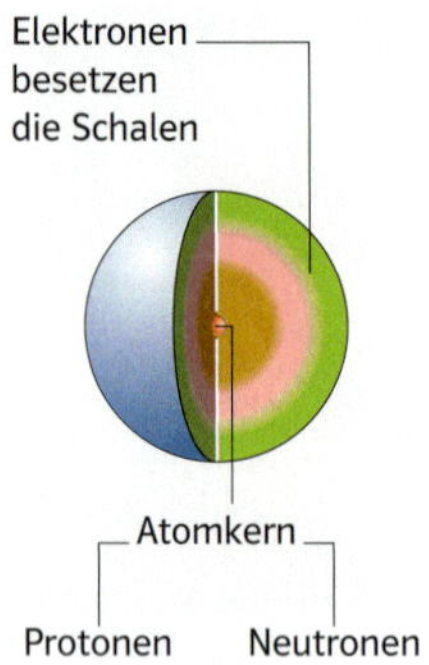

B1 Verteilung der Grundbausteine im Atom

Elektronenkonfiguration (Elektronenanordnung) Verteilung der Elektronen auf die Energiestufen bzw. Schalen

Einen Einblick in den Aufbau der Atome bietet das Schalenmodell. Mit diesem kann man auch den Aufbau des Periodensystems erklären.

Atomkern und Atomhülle. Das Atom besteht aus einem **Atomkern** und einer **Atomhülle**. Der Atomkern ist positiv geladen. Er besteht aus **Protonen** und **Neutronen** und enthält nahezu die gesamte Masse des Atoms. Die Atomhülle ist negativ geladen, sie besteht aus **Elektronen.** Ein Proton trägt eine positive Elementarladung, ein Elektron eine negative Elementarladung. Die Elementarladung e ist sehr klein:

$$e = 0{,}000\,000\,000\,000\,000\,000\,160\,2 \text{ C}$$
$$= 1{,}602 \cdot 10^{-19} \text{ C}$$

In einem Atom gleichen sich die positiven Ladungen der Protonen und die negativen Ladungen der Elektronen aus. Neutronen sind elektrisch neutral.
Die Masse eine Protons und eines Neutrons beträgt jeweils ca. 1 u. Die Masse eines Elektrons beträgt ca. 0,0005 u.

Ein Atom ist aus den Grundbausteinen Protonen, Neutronen und Elektronen aufgebaut.

Energiestufen- und Schalenmodell. Das **Energiestufenmodell** liefert eine energetische Darstellung der Atomhülle. Jedes Elektron ist einer bestimmten Energiestufe zugeordnet. Die 1. Energiestufe kann mit maximal zwei Elektronen besetzt sein, die 2. Energiestufe mit maximal acht Elektronen.

	Atomhülle	Atomkern	
	Elektron	Proton	Neutron
Zeichen	e^-	p^+	n
Masse in kg	$9{,}109 \cdot 10^{-31}$	$1{,}673 \cdot 10^{-27}$	$1{,}675 \cdot 10^{-27}$
Masse in u	0,0005	1,0073	1,0087
Ladung in Elementarladungen	−1	+1	0

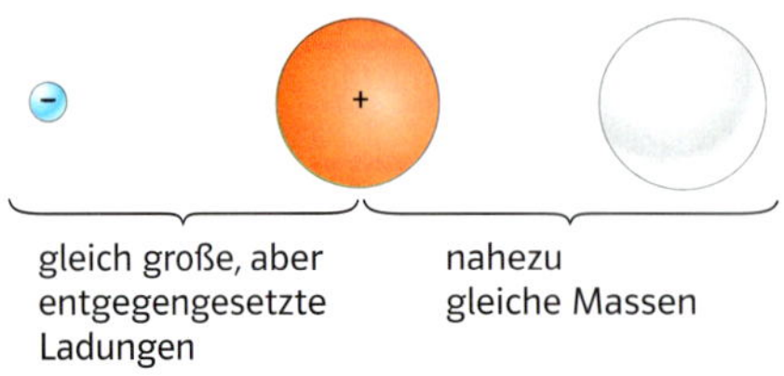

B2 Die Grundbausteine der Atome

Ist eine Energiestufe voll besetzt, beginnt die Besetzung der nächsten Energiestufe.
Das **Schalenmodell** liefert eine räumliche Darstellung der Atomhülle. Die Elektronen befinden sich in verschiedenen Schalen. Jede Schale entspricht einer Energiestufe.
Die Verteilung der Elektronen auf die Schalen bzw. Energiestufen bezeichnet man als **Elektronenkonfiguration.**

Ionisierung und Ionisierungsenergie. Elektrisch geladene Atome bezeichnet man als **Ionen**. Wenn man von einem Atom Elektronen entfernt, entstehen positiv geladene Ionen. Den Vorgang bezeichnet man als **Ionisierung**. Die **Ionisierungsenergie** ist die Energie, die einem Atom oder Ion zugeführt werden muss, um ein Elektron abzuspalten.
Eine große Ionisierungsenergie bedeutet, dass sich das Elektron nah am Atomkern befindet. Da es vom Atomkern stark angezogen wird, benötigt man viel Energie, um es zu entfernen. Eine kleinere Ionisierungsenergie bedeutet, dass das Elektron weiter vom Atomkern entfernt ist und deshalb schwächer angezogen wird.

Das Periodensystem der Elemente (PSE). Das PSE zeigt alle Elemente, die bis jetzt entdeckt oder künstlich hergestellt worden sind. Die **Ordnungszahl** eines Elements im **Periodensystem** entspricht der Anzahl der Protonen bzw. Elektronen seiner Atome.
Die 18 senkrechten Spalten des PSE bezeichnet man als **Elementgruppen**. Davon werden acht als **Hauptgruppen** mit den römischen Zahlen I bis VIII nummeriert. Die anderen zehn Gruppen sind **Nebengruppen**. Die Nummer einer Hauptgruppe entspricht der Anzahl der Außenelektronen ihrer Atome.
Die **Perioden** sind die waagerechten Zeilen des PSE. Die Nummer einer Periode entspricht der Anzahl der Schalen ihrer Atome.

Die Atomhüllen aller Elemente im Periodensystem haben ein gemeinsames Bauprinzip: Die 1. Schale oder 1. Energiestufe kann mit maximal zwei Elektronen besetzt sein, die 2. Schale oder 2. Energiestufe mit maximal acht Elektronen. Ist eine Schale voll besetzt, beginnt die Besetzung der nächsten Schale.

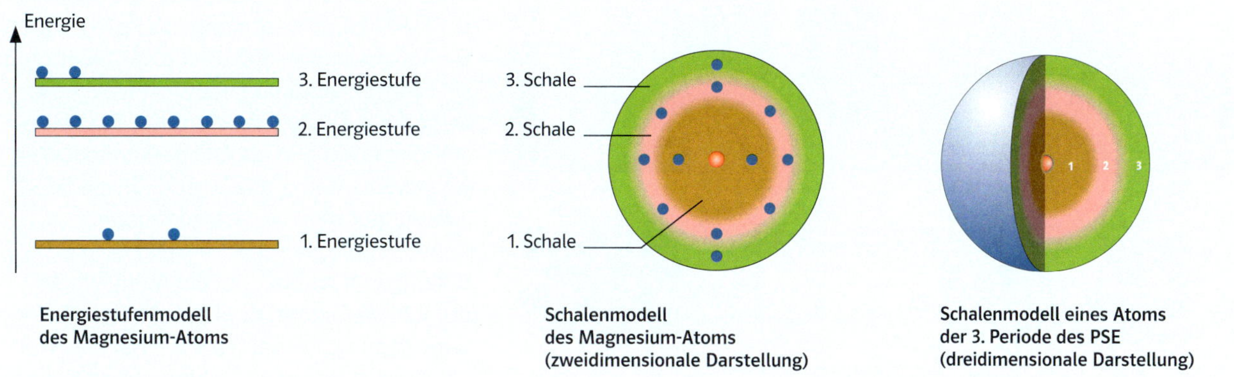

B3 *Energiestufenmodell und Schalenmodell: Jeder Energiestufe kann eine Schale zugeordnet werden*

Außenelektronen. Die Elemente einer Hauptgruppe weisen die gleiche Anzahl von Elektronen in der äußeren Schale auf. Die Eigenschaften und das Reaktionsverhalten der Elemente und der elementaren Stoffe werden durch diese Elektronen stark beeinflusst. Man bezeichnet sie als **Außenelektronen**, oft auch als Valenzelektronen. Den Atomkern mit den Elektronen der inneren Schalen bezeichnet man als **Atomrumpf**.

Die Außenelektronen können durch Punkte am Elementsymbol (d.h. am Zeichen für das Atom) dargestellt werden. Das Elementsymbol steht dann für den Atomrumpf. Meistens fasst man jedoch Elektronen zu Elektronenpaaren zusammen [B4]. Dabei geht man nach den folgenden Regeln vor:

- Bis zu vier Außenelektronen werden als Punkte am Elementsymbol dargestellt.
- Jedes weitere Außenelektron wird mit einem bereits vorhandenen Elektron zu einem Elektronenpaar zusammengefasst und als Strich dargestellt.
- Ausnahme: Beim Helium-Atom werden die zwei Außenelektronen zu einem Elektronenpaar zusammengefasst.

Perioden / Hauptgruppen	I	II	III	IV	V	VI	VII	VIII
1	H•							He|
2	Li•	Be•	•B•	•C•	•N|	•O|	|F|	|Ne|
3	Na•	Mg•	•Al•	•Si•	•P|	•S|	|Cl|	|Ar|
4	K•	Ca•	•Ga•	•Ge•	•As|	•Se|	|Br|	|Kr|
5	Rb•	Sr•	•In•	•Sn•	•Sb|	•Te|	|I|	|Xe|
6	Cs•	Ba•	•Tl•	•Pb•	•Bi|	•Po|	|At|	|Rn|
7	Fr•	Ra•						

B4 *Außenelektronen der Hauptgruppenelemente in der Punkt- und Paarschreibweise für die Elektronen*

Die Anzahl der Außenelektronen der Atome beeinflusst die Eigenschaften und das Reaktionsverhalten der Elemente und der elementaren Stoffe.

Einzelelektronen werden als Punkte am Elementsymbol dargestellt, Elektronenpaare als Striche.

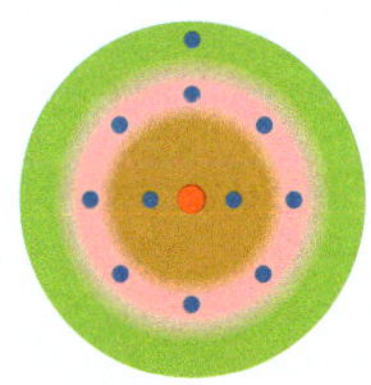

23,0 Na 11

Ordnungszahl 11
⇒ 11 Elektronen
3 Schalen
⇒ 3. Periode
1 Außenelektron
⇒ I. Hauptgruppe

B5 *Schalenmodell des Natrium-Atoms*

A1 ○ Zeichne das Schalenmodell eines Chlor-Atoms.

A2 ◒ Erläutere, welche Angaben zum Phosphor-Atom sich aus dem Periodensystem im hinteren Einband ermitteln lassen.

A3 ● **a)** Erläutere, was man unter einem Isotop versteht.
b) Das Element Chlor besteht aus den Isotopen $^{37}_{17}Cl$ und $^{35}_{17}Cl$. Der Anteil des Isotops mit der kleineren Masse beträgt 75,8 %. Berechne die mittlere Atommasse von Chlor. Vergleiche das Ergebnis mit der Angabe im Periodensystem.

7 Salze und Ionen

***B1** Reaktion von Natrium und Chlor zu Natriumchlorid*

Kationen	Anionen
Na^+ Natrium-Ion	F^- Fluorid-Ion
Ca^{2+} Calcium-Ion	Cl^- Chlorid-Ion
Mg^{2+} Magnesium-Ion	Br^- Bromid-Ion
	O^{2-} Oxid-Ion
	S^{2-} Sulfid-Ion

***B2** Beispiele für Kationen und Anionen*

Das Metall Natrium und das Nichtmetall Chlor reagieren exotherm zu Natriumchlorid, dem bekannten Kochsalz. Natrium ist aus Atomen aufgebaut, Chlor aus Molekülen, Natriumchlorid aus Ionen. Allgemein gilt, dass Metalle und Nichtmetalle Salze bilden können und dass Salze Ionenverbindungen sind.

Edelgaskonfiguration. Die Atome der Edelgase haben eine voll besetzte Außenschale. (Bei den Edelgasen Neon und Argon enthält die Außenschale 8 Elektronen, deshalb spricht man auch von einem **Elektronenoktett.**) Reagiert ein Metall mit einem Nichtmetall zu einem Salz, so entstehen Ionen. Viele dieser Ionen haben eine **Edelgaskonfiguration**, d.h. eine voll besetzte Außenschale wie ein Edelgas-Atom. Diesen Zusammenhang bezeichnet man als **Edelgasregel**.

Übertragung von Elektronen. In [B3] sind ein Natrium-Atom und ein Chlor-Atom im Schalenmodell dargestellt. Das Natrium-Atom besitzt 1 Außenelektron, das Chlor-Atom besitzt 7 Außenelektronen. Beide Atome erreichen ein Elektronenoktett, wenn das Natrium-Atom ein Außenelektron abgibt und das Chlor-Atom ein Elektron aufnimmt. Dadurch bekommen beide Atome 8 Außenelektronen. Das Natrium-Ion besitzt nun die Edelgaskonfiguration eines Neon-Atoms, das Chlorid-Ion die Edelgaskonfiguration eines Argon-Atoms.

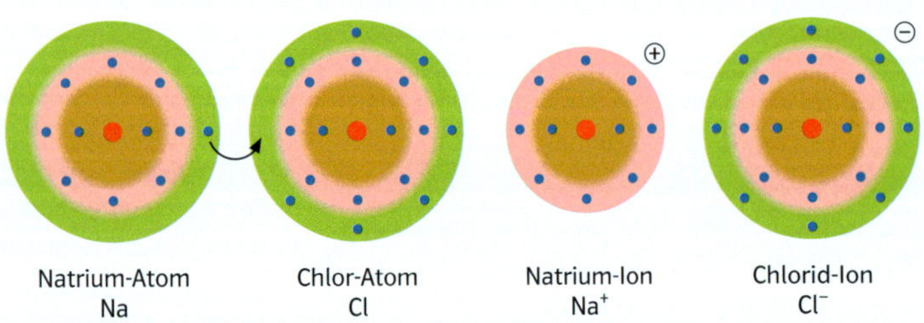

***B3** Schalenmodell: Ionen entstehen durch Abgabe oder Aufnahme von Elektronen*

Bildung von Ionen. Gibt ein Atom ein Elektron ab oder nimmt es eines auf, ändert sich seine Ladung. Vor der Reaktion hat das Natrium-Atom 11 Protonen im Kern und 11 Elektronen in der Hülle. Nach der Reaktion sind es nur noch 10 Elektronen. Die positive Ladung des Kerns wird nun durch die Elektronen der Hülle nicht mehr ausgeglichen. Aus dem neutralen Natrium-Atom ist durch Elektronenabgabe ein einfach positiv geladenes Natrium-Kation entstanden [B4]. Aus dem Chlor-Atom dagegen ist durch Elektronenaufnahme ein einfach negativ geladenes Ion, das Chlorid-Anion, entstanden.

$Na \longrightarrow Na^+ + e^-$ Elektronenabgabe

$Cl + e^- \longrightarrow Cl^-$ Elektronenaufnahme

***B4** Entstehung der Ionen*

Bei der Bildung eines Salzes geben Metall-Atome Elektronen ab, Nichtmetall-Atome nehmen Elektronen auf. In Ionenverbindungen gibt es auch mehrfach positiv geladene Metall-Kationen bzw. mehrfach negativ geladene Nichtmetall-Anionen [B2].

Bei der Reaktion von Metallen und Nichtmetallen zu Salzen geben die Metall-Atome Elektronen ab, es entstehen Kationen; die Nichtmetall-Atome nehmen Elektronen auf, es bilden sich Anionen. Die dabei gebildeten Ionen haben dann die gleiche Elektronenkonfiguration wie Edelgas-Atome.

Bei der Benennung der Salze wird der unveränderte Elementname des kationischen Bestandteils vorangestellt und der Name des Anions nachgestellt.
Beispiele: Kaliumchlorid, Natriumbromid, Calciumchlorid.

Für das Aufstellen der Verhältnisformel einer Ionenverbindung muss man die Kationen und Anionen und deren Ladungen kennen.
Man kombiniert dann so viele Kationen und Anionen miteinander, dass die Summe der positiven Ladungen mit der Summe der negativen Ladungen übereinstimmt [B7].
Beispiel: $CaCl_2$
Die zweifach positive Ladung des Ca^{2+}-Ions wird durch die zwei negativ geladenen Cl^--Ionen ausgeglichen.

Ionengitter. Die Kräfte von Ionen wirken in alle Raumrichtungen, sodass ein Kation mehrere Anionen und ein Anion mehrere Kationen anziehen kann. In der Folge gruppieren sich so viele positiv geladene Ionen um ein negativ geladenes Anion, wie Platz vorhanden ist, und umgekehrt [B5]. Dabei entsteht ein Ionengitter, bei dem die Kationen und Anionen regelmäßig und symmetrisch angeordnet sind.
Ein Ionengitter ist dreidimensional aufgebaut, da sich die Ionen in allen drei Raumrichtungen zusammenlagern können [B6]. Der Zusammenhalt zwischen den Ionen im Ionengitter erfolgt durch elektrostatische Anziehungskräfte und wird als Ionenbindung bezeichnet.

Eine regelmäßige dreidimensionale Anordnung von Kationen und Anionen nennt man Ionengitter. Die Ionen werden durch elektrostatische Kräfte, die Ionenbindung, zusammengehalten.

Eigenschaften von Salzen. Im festen Zustand leiten Salze den elektrischen Strom nicht. Das ist darauf zurückzuführen, dass die Ionen ihre Gitterplätze nicht verlassen können und im Kristall damit kein Transport elektrischer Ladung möglich ist. Ist das Salz geschmolzen, also flüssig, so sind die Ionen beweglich und der elektrische Strom kann geleitet werden. Auch in einer Salzlösung liegen die einzelnen Ionen vor und können die elektrische Ladung transportieren.

Die elektrostatischen Anziehungskräfte zwischen den Ionen bewirken die sehr hohen Schmelztemperaturen der Salze. Will man das Salz schmelzen oder sogar zum Sieden bringen, muss man diese starken Anziehungskräfte überwinden, damit die Ionen beweglich werden. Dafür wird viel Energie benötigt, sodass die Schmelz- und Siedetemperaturen von Salzen meist sehr hoch sind.

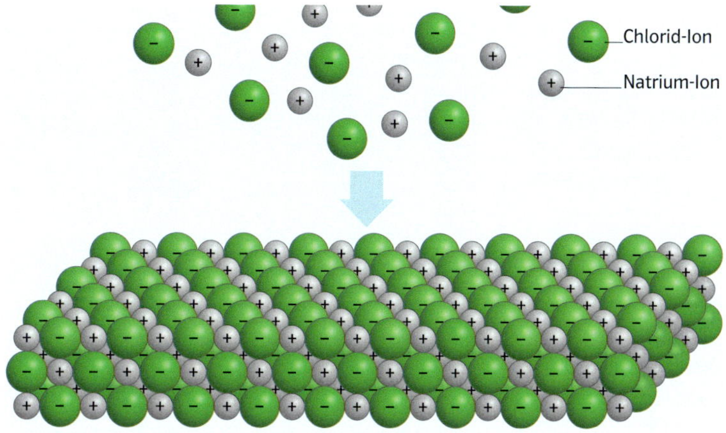

B5 Unterschiedlich geladene Ionen ordnen sich zu einem Ionengitter an

Die elektrische Leitfähigkeit von Lösungen und Schmelzen von Salzen und ihre hohen Schmelztemperaturen lassen sich mit dem Aufbau der Salze aus Kationen und Anionen erklären.

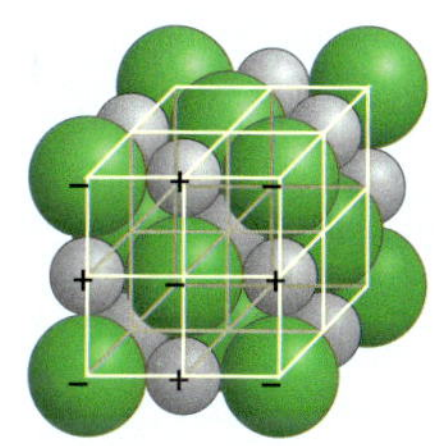

B6 Aufbau des Natriumchlorids im raumfüllenden Modell

A1 ○ Beschreibe, warum eine Salzschmelze den elektrischen Strom leitet, ein festes Salz aber nicht.

A2 ○ Benenne die Salze, deren Verhältnisformeln in B7 aufgeführt sind.

A3 ◒ a) Beschreibe und begründe, welche Ladungen die Kationen der I. und der II. Hauptgruppe aufweisen.
b) Beschreibe und begründe, welche Ladungen die Anionen der VI. und VII. Hauptgruppe aufweisen.

A4 ◒ Vergleiche die Protonen-, Neutronen- und Elektronenanzahlen eines Kalium-Atoms mit denen eines Kalium-Ions. Führe diesen Vergleich auch für ein Fluor-Atom und ein Fluorid-Ion durch.

A5 ● Magnesium reagiert mit Sauerstoff zu Magnesiumoxid. Erläutere, wie viele Elektronen übertragen werden und beschreibe die Edelgaskonfiguration der gebildeten Ionen.

$(Ca^{2+})(Br^-) \Rightarrow CaBr_2$

$(Ca^{2+})(S^{2-}) \Rightarrow CaS$

$(Al^{3+})(Cl^-) \Rightarrow AlCl_3$

$(Al^{3+})(O^{2-}) \Rightarrow Al_2O_3$

B7 Ladungen von Ionen und Verhältnisformeln von Salzen

8 Die Vielfalt der Molekülverbindungen

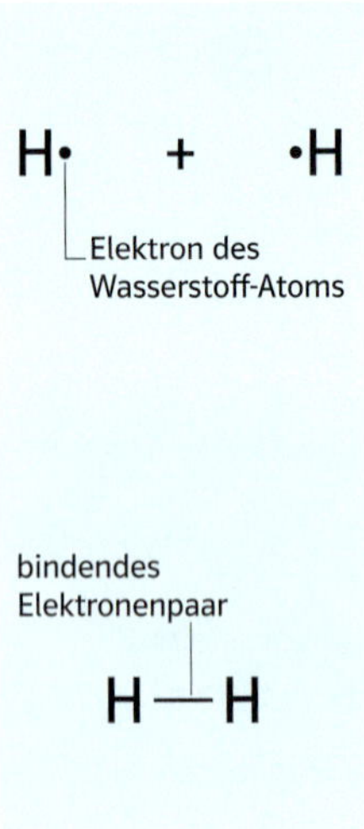

B1 Elektronenpaarbindung im Wasserstoff-Molekül

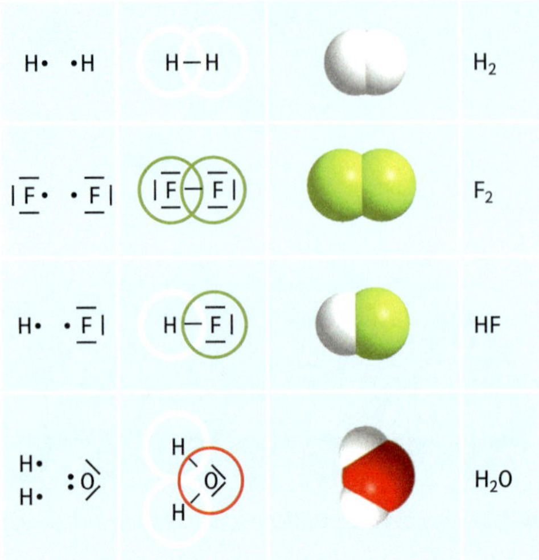

***B2** Elektronenpaarformeln einfacher Moleküle*

Die Nichtmetalle sind mit Ausnahme der Edelgase aus Molekülen aufgebaut. Die Atome in den Molekülen werden durch Elektronenpaare zusammengehalten.

Elektronenpaarbindung und Elektronenpaarformeln. In einem Wasserstoff-Molekül werden die beiden Elektronen der Wasserstoff-Atome von beiden Kernen gleichermaßen angezogen. Die Bindung zwischen beiden Atomen nennt man **Elektronenpaarbindung**. Diese Bindung wird auch als *Atombindung* oder *kovalente Bindung* bezeichnet. Das Elektronenpaar, das die beiden Atome zusammenhält, nennt man **bindendes Elektronenpaar**. In allen Molekülen werden die Atome durch bindende Elektronenpaare zusammengehalten.
Ein Elektronenpaar wird durch einen Strich dargestellt. Nicht alle Außenelektronen eines Atoms bilden bindende Elektronenpaare mit anderen Atomen. Ein Fluor-Atom weist z. B. ein einzelnes, ungepaartes Elektron und drei Elektronenpaare auf. Das Einzelelektron des Fluor-Atoms kann mit einem Einzelelektron eines anderen Atoms ein bindendes Elektronenpaar bilden. Elektronenpaare, die nur zu einem Atom gehören, nennt man **freie** oder **nicht bindende Elektronenpaare**.
Atome können auch durch mehr als nur ein Elektronenpaar miteinander verbunden sein [B3].

***B3** Moleküle mit Mehrfachbindungen*

Für die räumliche Darstellung von Molekülen werden Strukturformeln verwendet. Man zeichnet dabei die nicht bindenden Elektronenpaare der Atome rechtwinklig an die Seiten des Atomsymbols. Die bindenden Elektronenpaare werden zwischen die Atomsymbole der Bindungspartner gezeichnet. Bei Darstellungen mit diesen **Elektronenpaarformeln** werden Bindungswinkel allerdings nicht exakt berücksichtigt.

Mit Elektronenpaarformeln (Strukturformeln) lassen sich Moleküle übersichtlich darstellen. Dabei werden bindende und nicht bindende Elektronenpaare durch Striche dargestellt.

Elektronenpaarbindung und Edelgasregel. Mit der Edelgasregel lassen sich viele Verbindungen der Hauptgruppenelemente vorhersagen: Ordnet man ein bindendes Elektronenpaar sowohl dem einen als auch dem anderen Atom ganz zu, haben alle Atome in B2 eine Edelgaskonfiguration.
Ein Sauerstoff-Atom hat 2 nicht bindende Elektronenpaare und 2 einzelne Elektronen. Es kann somit 2 Wasserstoff-Atome binden. Das Wasser-Molekül hat daher die Formel H_2O.

In vielen Molekülen kann man jedem Atom so viele Elektronen zurechnen wie einem Edelgas-Atom.

Elektronenpaar-Abstoßungs-Modell. Das Elektronenpaar-Abstoßungs- bzw. kurz EPA-Modell erklärt den räumlichen Bau von Molekülen mit mehr als zwei Atomen. Die Moleküle werden häufig mit dem übersichtlichen Kugel-Stab-Modell [B4] dargestellt. Bindende und nicht bindende Elektronenpaare nehmen den größtmöglichen Abstand zueinander ein. Bei 4 Elektronenpaaren ergibt sich die Gestalt eines Tetraeders [B4]. Elektronenpaare in einer Doppelbindung oder Dreifachbindung werden wie ein Elektronenpaar behandelt.

Mit dem EPA-Modell lässt sich der räumliche Aufbau von Molekülen beschreiben.

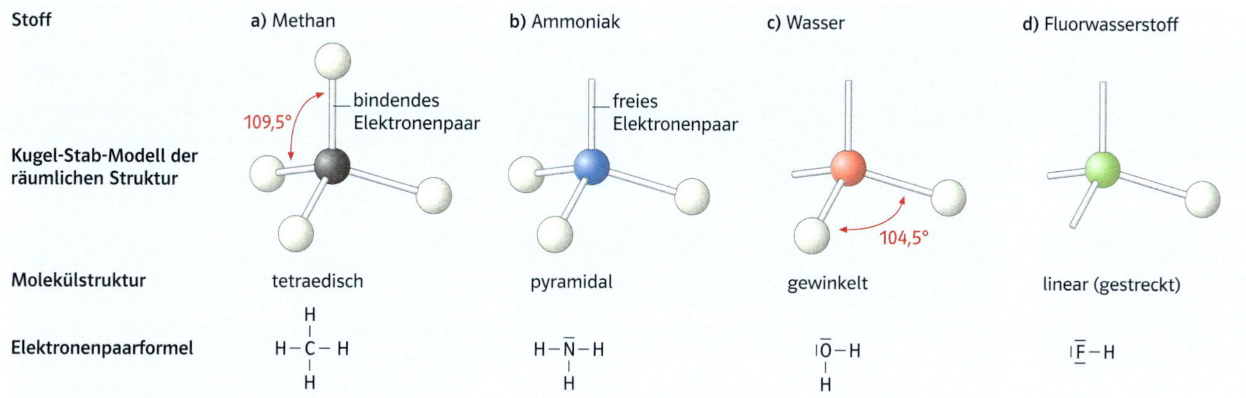

***B4** Räumlicher Aufbau von Molekülen aus der tetraedrischen Anordnung der bindenden und nicht bindenden Elektronenpaare*

Polare Elektronenpaarbindung, Elektronegativität, Dipole und Wasserstoffbrücken. Im Wasser-Molekül werden die Bindungselektronen stärker vom Sauerstoff-Atom angezogen. Man spricht von **einer polaren Elektronenpaarbindung**. Die Fähigkeit eines Atoms, in einer chemischen Bindung die Bindungselektronen an sich zu ziehen, wird durch die **Elektronegativität** beschrieben. Als elektronegativstem Element wurde Fluor der Wert *EN* = 4,0 zugeordnet [B5].

Atom	F	O	N	C	H
EN	4,0	3,5	3,0	2,5	2,1

***B5** Elektronegativitätswerte einiger Atome*

Eine Bindung zwischen zwei Atomen unterschiedlicher Elektronegativität führt zu einer polaren Elektronenpaarbindung. Die Ladungsverteilung zwischen den verbundenen Atomkernen ist unsymmetrisch. Das eine Atom des Moleküls trägt eine positive (δ+), das andere eine negative Teilladung (δ−).
Unsymmetrische Moleküle mit einer oder mehreren polaren Bindungen sind **Dipole**. Symmetrische Moleküle können keine Dipole sein [B7].

Polar gebundene Wasserstoff-Atome in Dipolen, wie in dem Wasser-Molekül, deren weitere Atome nicht bindende Elektronenpaare aufweisen, bilden Wasserstoffbrücken aus [B6]. Dies führt auch zu den besonderen Eigenschaften des Wassers wie der Dichteanomalie und der Oberflächenspannung.

Je größer die Elektronegativitätsdifferenz *ΔEN* ist, desto größer ist die Polarität einer Bindung. Die Wechselwirkungskräfte zwischen den Wasser-Molekülen sind die Wasserstoffbrücken.

A1 ○ Zeichne die Elektronenpaarformeln dieser Moleküle: Chlorwasserstoff HCl, Kohlenstoffmonooxid CO, Blausäure HCN.

A2 ◒ Ordne die folgenden Bindungen nach steigender Polarität: N–H, C–H, F–H, O–H. Begründe deine Anordnung.

A3 ◒ Erläutere, wie ein Dipol aufgebaut ist.

A4 ● Zeichne wie in B6 Wasserstoffbrücken zwischen Fluorwasserstoff-Molekülen.

A5 ● Erkläre, warum Wasser ein gutes Lösungsmittel für Salze ist.

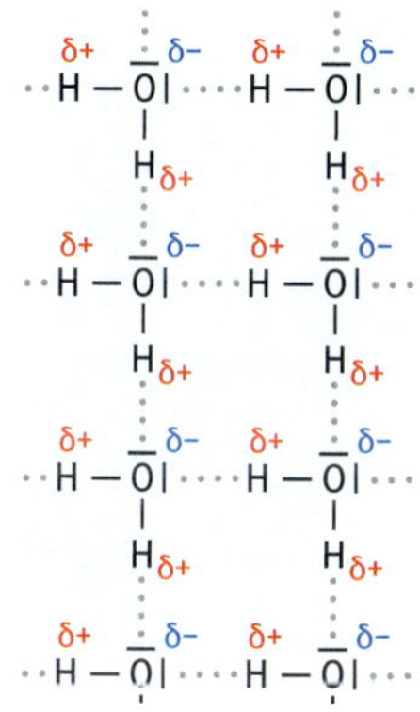

***B6** Wasserstoffbrücken zwischen Wasser-Molekülen*

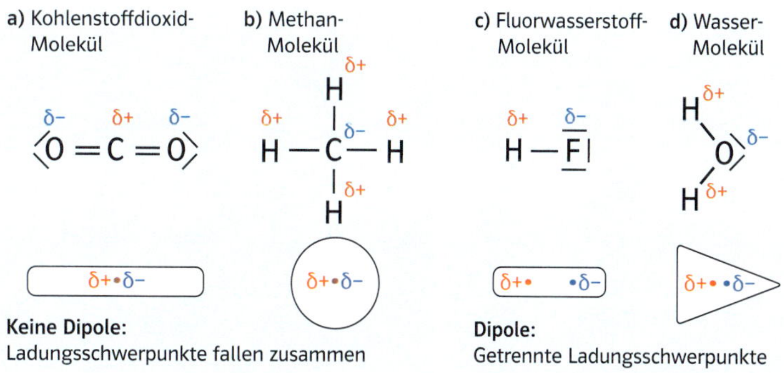

***B7** Die Ladungsschwerpunkte sind entscheidend, ob Moleküle Dipole sind oder nicht*

9 Wasser als Lösungsmittel

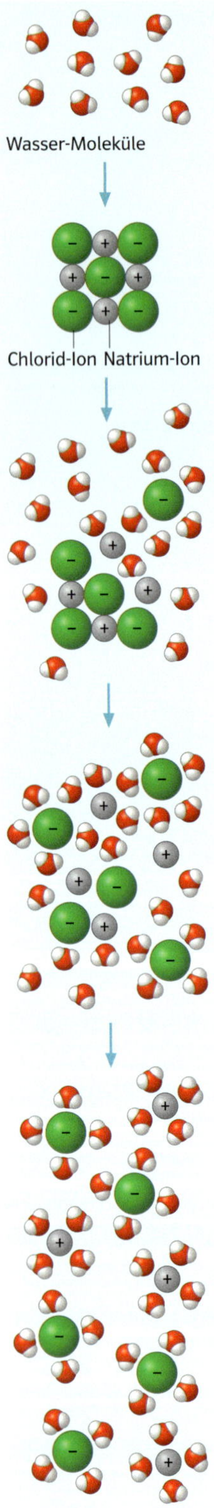

B2 *Lösungsvorgang von Natriumchlorid in Wasser im Modell*

B1 *Mineralwasser enthält gelöste Stoffe*

Mineralwasser ist Grundwasser, das viele Erdschichten durchströmt hat und dabei Mineralsalze und Kohlenstoffdioxid gelöst hat. In natürlich vorkommendem Wasser sind immer Salze oder Gase gelöst. Wasser ist ein geeignetes Lösungsmittel für viele Stoffe, die aus polaren Molekülen oder Ionen aufgebaut sind.

Das Lösen eines Salzes. Beim Lösen von Natriumchlorid in Wasser trennen die Wasser-Moleküle die Ionen des Salzes voneinander. Sie werden damit im Lösungsmittel Wasser frei beweglich. Wasser-Moleküle sind polar: Die Wasserstoff-Atome tragen eine positive Teilladung, das Sauerstoff-Atom hat eine negative Teilladung. Daher sind die Wasser-Moleküle in der Lage, die starken Anziehungskräfte, die im Innern eines Natriumchlorid-Kristalls zwischen den Ionen wirken, zu überwinden.
Der Vorgang läuft in mehreren Schritten ab. Zunächst werden die Wasser-Moleküle von den positiven und negativen Ionen des Kristallgitters angezogen. Sie lagern sich am Gitter an, umhüllen allmählich die Ionen und bewirken so deren Trennung vom Gitter [B2]. Man bezeichnet diesen Vorgang als **Hydratation.** Ionen, die an den Kanten und Ecken des Kristallgitters sitzen, werden besonders leicht abgelöst. Auf diese Ionen wirken geringere Gitterkräfte als auf die Ionen im Innern des Kristalls.
In der Lösung besitzen alle Ionen eine Hülle aus Wasser-Molekülen, eine **Hydrathülle** [B3]. Um ein hydratisiertes Ion zu kennzeichnen, setzt man hinter seine Formel das Zeichen „(aq)“ (von lat. aqua, Wasser). Man schreibt z. B. $Na^+(aq)$ oder $Cl^-(aq)$.

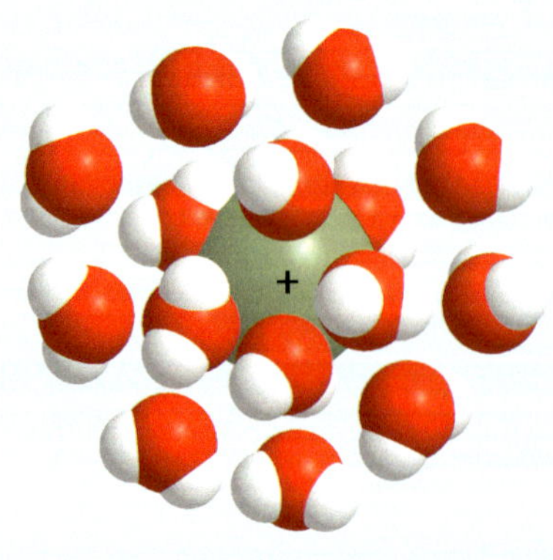

B3 *Natrium-Kation in einer Hydrathülle im Modell*

Den Lösungsvorgang kann man als Reaktionsgleichung schreiben:

$$NaCl(s) \xrightarrow{\text{Lösen in Wasser}} Na^+(aq) + Cl^-(aq)$$

Wird ein Salz in Wasser gelöst, so erhält man von Wasser-Molekülen umgebene einzelne Ionen des Verbandes. Man nennt diesen Vorgang Hydratation.

Wasser löst auch molekulare Stoffe. Wasser-Moleküle können sich nicht nur an Ionen, sondern auch an Moleküle mit polaren Bindungen anlagern. So können sich auch Kohlenstoffdioxid oder Zucker in Wasser lösen. Man sagt auch „Ähnliches wird von Ähnlichem gelöst“ oder wie es schon bei den Alchemisten hieß: „Similia similibus solvuntur“.

A1 ○ Beschreibe die in B2 dargestellten Vorgänge beim Lösen von Natriumchlorid in Wasser.

A2 ◒ Erläutere, warum Wasser-Moleküle in der Lage sind, sowohl positiv als auch negativ geladene Ionen zu umhüllen.

A3 ◒ Gib an, was mit dem Begriff Hydratation ausgedrückt wird. Erläutere die Bedeutung des Zeichens „(aq)“.

A4 ● Verdeutliche mithilfe einer Skizze den Lösungsvorgang beim Lösen eines Stoffes, der aus Dipolen besteht, in Wasser. Stelle die Dipole und die Wasser-Moleküle als Pfeile dar, die Pfeilspitze ist der negative Pol.

10 Energie beim Lösen von Salzen

Beim Lösen von Salzen in Wasser kann man häufig eine Temperaturänderung feststellen. Einige Salze lösen sich unter Erwärmen, andere unter Abkühlung.

Lösen von Salzen unter Erwärmen. Löst man wasserfreies Calciumchlorid in Wasser, stellt man einen starken Anstieg der Temperatur fest. Offensichtlich wird bei der **Hydratation**, der Bildung hydratisierter Ionen, mehr Energie frei, als für das Herauslösen der Ionen aus dem Ionengitter aufgewendet werden muss. Diese Energie bezeichnet man als **Hydratationsenergie**. Die Energie, die aufgewendet werden muss, um ein Ion aus dem Kristallgitter abzutrennen, muss dem Betrag nach mindestens so groß sein, wie die Energie, welche die Ionen im Gitter zusammenhält, die **Gitterenergie**. Ist der Betrag der Hydratationsenergie größer als die Gitterenergie, erfolgt eine Abtrennung unter Energieabgabe [B1, links]. Man spricht von einem **exothermen Lösungsvorgang**.

Lösen von Salzen unter Abkühlen. Löst man Kaliumchlorid in Wasser, stellt man eine Abkühlung fest. In diesem Fall wird die Gitterenergie nicht vollständig von der Hydratation aufgebracht. Den fehlenden Anteil liefert die thermische Energie des Wassers, das sich dadurch abkühlt. Hier findet ein **endothermer Lösungsvorgang** statt [B1, rechts].

Gitterenergie und Löslichkeit. Ist die Gitterenergie dem Betrage nach viel größer als die Hydratationsenergie, ist die Löslichkeit eines Salzes gering. Die verschiedenen Gitterenergien sind die Ursache für die unterschiedlichen Löslichkeiten der Salze. Beim Lösen von Salzen in Wasser ergibt sich je nach Betrag der Hydratations- und Gitterenergie der in B5 gezeigte Zusammenhang.

Lösungsvorgang ohne Temperaturänderung
Hydratationsenergie = Gitterenergie

Exothermer Lösungsvorgang:
|Hydratationsenergie| > |Gitterenergie|

Endothermer Lösungsvorgang:
|Hydratationsenergie| < |Gitterenergie|

B5 *Temperaturänderung beim Lösen von Salzen*

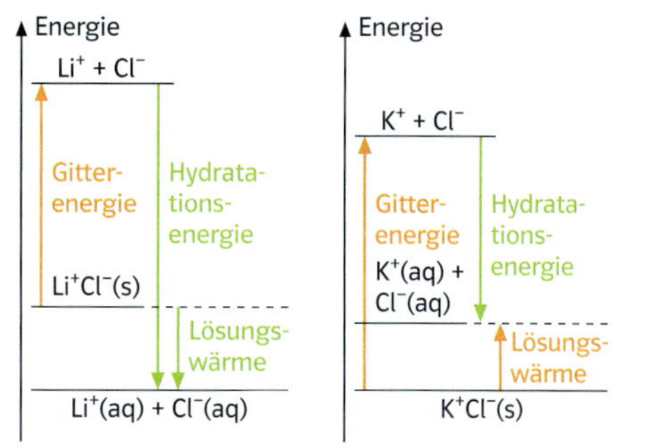

B1 *Hydratations- und Gitterenergie beim Lösen von Lithiumchlorid und Kaliumchlorid in Wasser*

Salzhydrate. Erhitzt man eine Salzlösung, verdampft das Lösungsmittel Wasser und das Salz bleibt zurück. Bei einigen Salzen verlieren die Ionen jedoch ihre Hydrathülle nicht vollständig. Ein Teil der Wasser-Moleküle wird in das Kristallgitter eingebaut. Es entstehen **Salzhydrate**.

So kristallisiert aus einer Kupfersulfat-Lösung, die durch die hydratisierten Kupfer-Ionen blau erscheint, Kupfersulfat-Pentahydrat aus [B3]. In dem blauen Salz sind pro Kupfersulfateinheit fünf H_2O-Moleküle im Kristallgitter vorhanden: $CuSO_4 \cdot 5\ H_2O$, sprich Kupfersulfat mit 5 H_2O. Diese Wasser-Moleküle sind im Gitter nicht so fest gebunden wie die Kupfer- und Sulfat-Ionen. Sie lassen sich durch Erhitzen des Salzes aus dem Gitter herauslösen. Zurück bleibt das „wasserfreie" und weiße Salz [B4].

A1 ○ Beschreibe die Lösungsvorgänge in B1. Gib an, welcher Vorgang exotherm und welcher endotherm abläuft.

A2 ◒ Wasserfreies Calciumchlorid wird als Trocknungsmittel für feuchte Räume eingesetzt. Erläutere seine Trocknungseigenschaft und verwende die Begriffe Hydratationsenergie und Gitterenergie.

A3 ● Beim Lösen von Natriumchlorid tritt keine Temperaturänderung ein. Erkläre.

A4 ● Salzhydrate können als Wärmespeicher genutzt werden. Gut geeignet sind Salzhydrate, die eine Schmelztemperatur zwischen 40 °C und 100 °C aufweisen. Erläutere, wie ein Salzhydrat als Wärmespeicher wirken kann.

B2 *Weißes Kupfersulfat wird bei Wasserzugabe blau*

B3 *Blaue Kupfersulfat-Kristalle*

B4 *Erhitzen von blauem Kupfersulfat. Im Reagenzglas kondensiert oben Wasser*

Betrag Der Betrag |x| eines Wertes x ist der betreffende Wert ohne das Vorzeichen.
Beispiel: |−5| = 5

11 Elektronen-Übertragungsreaktionen

***B1** Magnesium reagiert mit Sauerstoff*

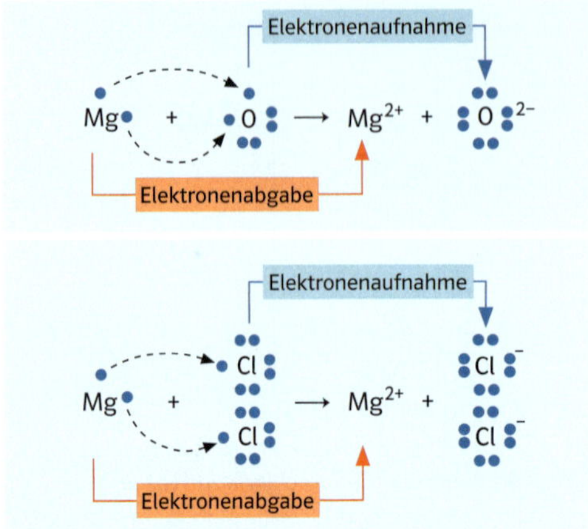

***B3** Bei der Reaktion von Metall-Atomen mit Nichtmetall-Atomen werden Elektronen übertragen*

***B2** Magnesium reagiert mit Chlor*

Magnesium reagiert sowohl mit Sauerstoff als auch mit Chlor zu Ionenverbindungen, also Salzen. Diese Parallelen führen zur Einführung einheitlicher Begriffe in Bezug auf die Veränderung bei den Teilchen.

Redoxreaktionen. Die Magnesium-Atome geben in beiden Reaktionen an die Nichtmetall-Atome Elektronen ab [B3]. Die Elektronenabgabe bezeichnet man allgemein als Oxidation. Die Aufnahme von Elektronen wird Reduktion genannt. Die **Oxidation** ist immer mit einer **Reduktion** gekoppelt. Chemische Reaktionen, die auf der Übertragung von Elektronen beruhen, werden **Reduktions-Oxidations-Reaktionen** oder kurz **Redoxreaktionen** genannt. Bei einer Redoxreaktion ist die Anzahl der abgegebenen Elektronen gleich der Anzahl der aufgenommenen Elektronen [B4]. Die Teilchen, die Elektronen abgeben, nennt man **Elektronendonatoren.** Die aufnehmenden Teilchen bezeichnet man als **Elektronenakzeptoren.**

Oxidation ursprünglich Reaktion mit Sauerstoff (lat. oxygenium), heute allgemein Elektronenabgabe

Reduktion von lat. reducere, zurückführen. Die Reduktion ist das Gegenteil der Oxidation.

Oxidation:	Fe	$\longrightarrow Fe^{3+} + 3\,e^-$	$\mid \cdot 2$
Reduktion:	$Cl_2 + 2\,e^-$	$\longrightarrow 2\,Cl^-$	$\mid \cdot 3$
	$2\,Fe + 3\,Cl_2 + 6\,e^-$	$\longrightarrow 2\,Fe^{3+} + 6\,Cl^- + 6\,e^-$	
	$2\,Fe + 3\,Cl_2$	$\longrightarrow 2\,Fe^{3+} + 6\,Cl^-$	

Rot unterlegt: Elektronendonator (Reduktionsmittel)

Blau unterlegt: Elektronenakzeptor (Oxidationsmittel)

***B4** Teilschritte einer Redoxreaktion*

Ein Elektron kann nur dann von einem Elektronendonator abgegeben werden, wenn es gleichzeitig von einem Elektronenakzeptor aufgenommen wird. Die Redoxreaktionen gehören zu den **Donator-Akzeptor-Reaktionen.** Teilchen, die als Elektronendonatoren wirken und daher den Reaktionspartner reduzieren, werden **Reduktionsmittel** genannt. Elektronenakzeptoren sind **Oxidationsmittel**, da sie ihren Reaktionspartner oxidieren. Ein Reduktionsmittel wird also oxidiert, ein Oxidationsmittel wird reduziert.

Eine Elektronen-Übertragungsreaktion bezeichnet man als Redoxreaktion.

Redoxreaktionen durch elektrischen Strom. Salzlösungen und Salzschmelzen leiten den elektrischen Strom. Eine Voraussetzung dafür sind bewegliche Ionen. Diese wandern durch das Anlegen einer Spannung jeweils zu der Elektrode, welche die zur Ionenladung entgegengesetzte elektrische Ladung hat. Auf den Elektrodenoberflächen laufen chemische Reaktionen ab. An der Kathode, dem Minuspol bei der Elektrolyse, findet eine Reduktion statt. An der Anode, dem Pluspol bei der Elektrolyse, läuft gleichzeitig eine Oxidation statt. Den gesamten Vorgang bezeichnet man als **Elektrolyse.**

Eine Elektrolyse ist eine Redoxreaktion, die durch Zufuhr elektrischer Energie abläuft.

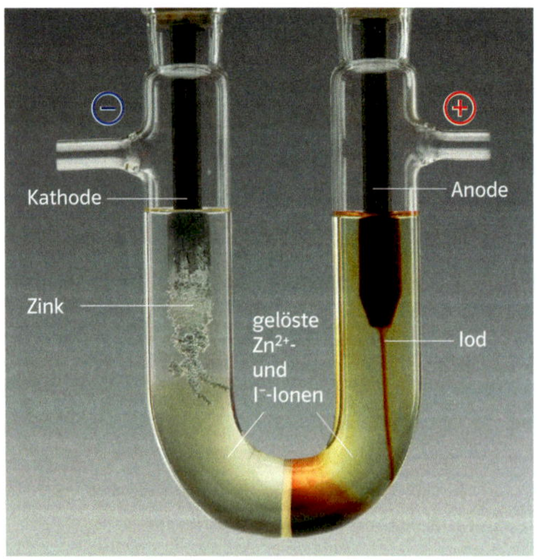

***B5** Elektrolyse einer Zinkiodid-Lösung*

Beispiel: Elektrolyse einer Zinkiodid-Lösung:

Reduktion an der Kathode (Minuspol):

$Zn^{2+} + 2e^- \longrightarrow Zn$

Oxidation an der Anode (Pluspol):

$2\,I^- \longrightarrow 2\,I + 2\,e^-$; $\quad 2\,I \longrightarrow I_2$

Galvanische Elemente. Redoxreaktionen können auch zwischen Metall-Atomen und Metall-Ionen ablaufen. Dabei geben die Metall-Atome Elektronen ab, die von Ionen edlerer Metalle aufgenommen werden [B6]. Laufen die Oxidation und die Reduktion räumlich getrennt ab, kann dieser „Elektronenfluss" als elektrischer Strom zum Betreiben eines Motors genutzt werden [B7].
Eine solche Anordnung, bei der die Oxidation und die Reduktion räumlich getrennt ablaufen, bezeichnet man als **galvanisches Element**.
In einem galvanischen Element tauchen die Elektroden in Salzlösungen. Die Salzlösung um den Minuspol ist durch eine Salzbrücke von der Salzlösung um den Pluspol getrennt. Über die Salzbrücke findet zwischen den beiden Lösungen durch eine Ionenwanderung ein Ladungsausgleich statt.
Je weiter die Metalle in der Redoxreihe voneinander entfernt sind, desto höher ist die Spannung des galvanischen Elements [B6].

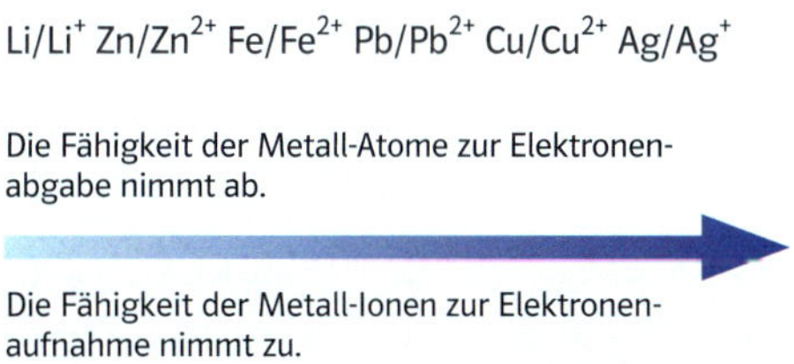

***B6** Redoxreihe der Metall-Atome und Metall-Ionen*

Auch Akkumulatoren (Akkus) und Batterien sind galvanische Elemente. Der Lithium-Ionen-Akku [B8] ist weit verbreitet und wird z. B. in Smartphones und Notebooks eingesetzt.

In einem galvanischen Element laufen die Elektronenabgabe (Oxidation) und die Elektronenaufnahme (Reduktion) räumlich getrennt und spontan ab. Dabei wird chemische Energie in elektrische Energie umgewandelt.

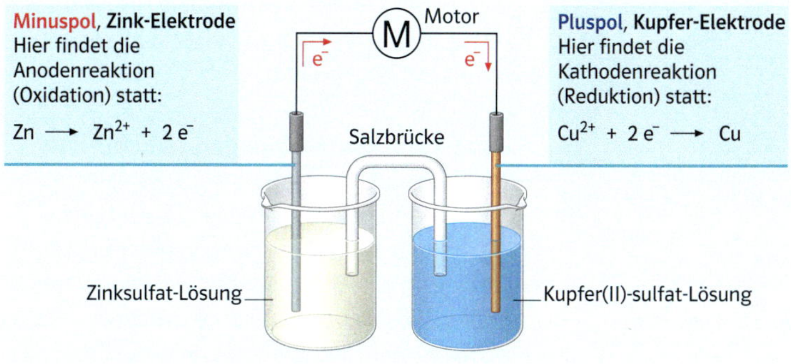

***B7** Aufbau eines galvanischen Elements*

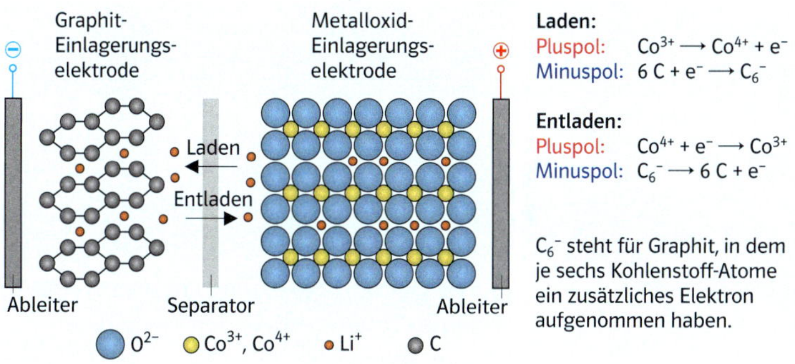

***B8** Prinzip des Lithium-Ionen-Akkumulators*

A1 a) Erstelle für die Reaktion von Lithium mit Brom und für die Reaktion von Kalium mit Chlor ein Elektronen-Übertragungsschema wie in B3.
b) Benenne auch die Elektronendonatoren und die Elektronenakzeptoren.

A2 Erläutere am Beispiel der Reaktion von Calcium mit Schwefel die folgenden Fachbegriffe: Oxidation, Reduktion, Redoxreaktion, Elektronen-Übertragungsreaktion, Elektronendonator, Elektronenakzeptor, Reduktionsmittel, Oxidationsmittel.

A3 Formuliere und erläutere für die Elektrolyse einer Lithiumchlorid-Schmelze die Reaktionen, die an der Kathode und der Anode ablaufen.

A4 Erläutere die in einem Lithium-Ionen-Akku ablaufenden Reaktionen beim Laden und Entladen [B8].

A5 Begründe, warum eine Elektrolyse zu den Elektronen-Übertragungsreaktionen gehört.

Galvanische Zelle andere Bezeichnung für galvanisches Element

12 Protonen-Übertragungsreaktionen

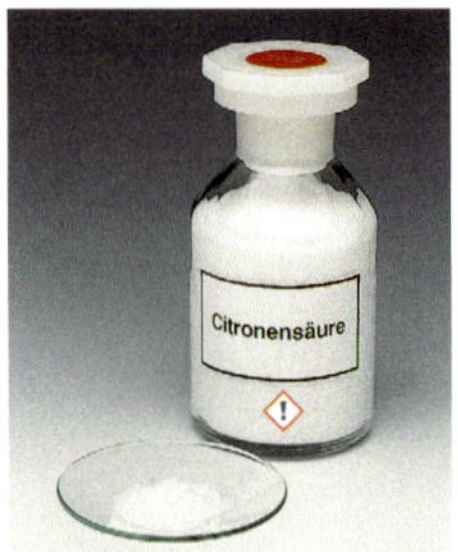

B1 *Citronensäure*

Mit Säuren kommen wir täglich in Berührung. Der saure Geschmack z. B. vieler Lebensmittel beruht auf Säuren [B1].

Säuren und saure Lösungen. Säuren sind feste, flüssige oder gasförmige Reinstoffe. Diese bilden mit Wasser saure Lösungen. Säuren und saure Lösungen weisen Gemeinsamkeiten auf. Diese lassen sich übersichtlich an der Bildung von Salzsäure darstellen. Salzsäure entsteht bei der Reaktion von Chlorwasserstoff (HCl) mit Wasser. Bei dieser Reaktion findet eine Protonen-Übertragungsreaktion statt:

Protonenabgabe

$$HCl + H_2O \longrightarrow Cl^- + H_3O^+$$

Protonenaufnahme

Chlorwasserstoff-Moleküle geben an Wasser-Moleküle Protonen ab. Dadurch entstehen **Oxonium-Ionen** und Chlorid-Ionen [B2].

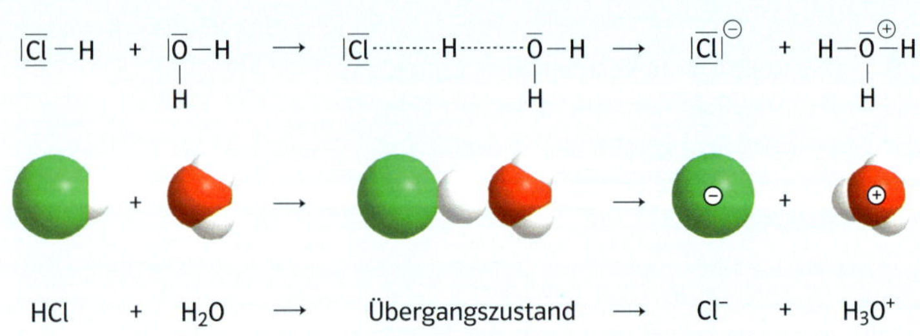

B2 *Übertragung eines Protons von einem Chlorwasserstoff-Molekül auf ein Wasser-Molekül.*

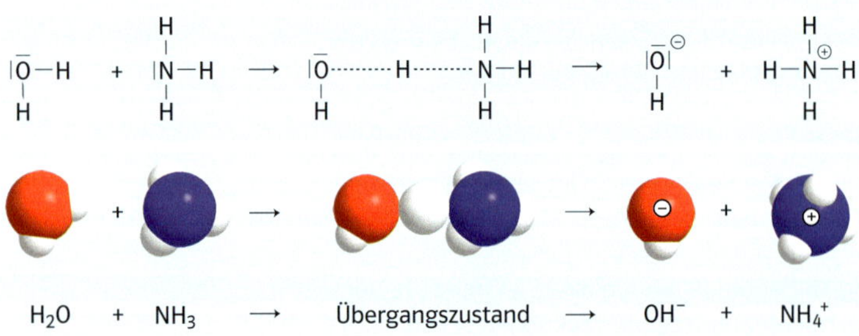

B3 *Übertragung eines Protons von einem Wasser-Molekül auf ein Ammoniak-Molekül.*

Die Reaktion von Chlorwasserstoff mit Wasser ist also eine **Donator-Akzeptor-Reaktion**. Das Chlorwasserstoff-Molekül ist hier der **Protonendonator**, das Wasser-Molekül ist der **Protonenakzeptor**. Es gilt allgemein, dass Säuren Protonendonatoren sind und die sauren Lösungen Oxonium-Ionen enthalten.

Säuren sind Protonendonatoren. Oxonium-Ionen sind die für alle sauren Lösungen typischen Teilchen.

Basen und alkalische Lösungen. Natriumhydroxid (NaOH) bildet in Wasser Natronlauge, die am häufigsten eingesetzte alkalische Lösung.

$$NaOH \longrightarrow Na^+ + OH^-$$

Alle alkalischen Lösungen enthalten unterschiedliche Kationen, aber immer die negativ geladenen **Hydroxid-Ionen** (OH^-).
Auch beim Lösen von Ammoniak (NH_3) in Wasser entsteht eine alkalische Lösung. Diese entsteht durch eine Reaktion von Ammoniak-Molekülen mit Wasser-Molekülen [B3]. Bei dieser Protonen-Übertragungsreaktion werden Hydroxid-Ionen (OH^-) und positiv geladene Ammonium-Ionen (NH_4^+) gebildet:

Protonenabgabe

$$H_2O + NH_3 \longrightarrow OH^- + NH_4^+$$

Protonenaufnahme

Teilchen, die wie das Ammoniak-Molekül Protonen aufnehmen, bezeichnet man als **Basen**. Basen sind Protonenakzeptoren. Basen müssen über ein nicht bindendes (freies) Elektronenpaar verfügen, um ein Proton binden zu können.

Basen sind Protonenakzeptoren. Hydroxid-Ionen sind die für alle alkalischen Lösungen typischen Teilchen.

Saure und alkalische Abwässer dürfen nicht in größeren Mengen in das Abwasser gelangen, sie müssen vorher neutralisiert werden.

Die Neutralisation. Gibt man Salzsäure und Natronlauge zusammen, so reagieren diese in einer exothermen Reaktion zu Natriumchlorid und Wasser.

$$\underbrace{Na^+ + OH^-}_{\text{Ionen in der Natronlauge}} + \underbrace{H_3O^+ + Cl^-}_{\text{Ionen in der Salzsäure}} \longrightarrow \underbrace{Na^+ + Cl^-}_{\text{Ionen in der neutralen Lösung}} + 2\,H_2O$$

Berücksichtigt man nur die an der Reaktion beteiligten Ionen, so ergibt sich folgende Reaktionsgleichung:

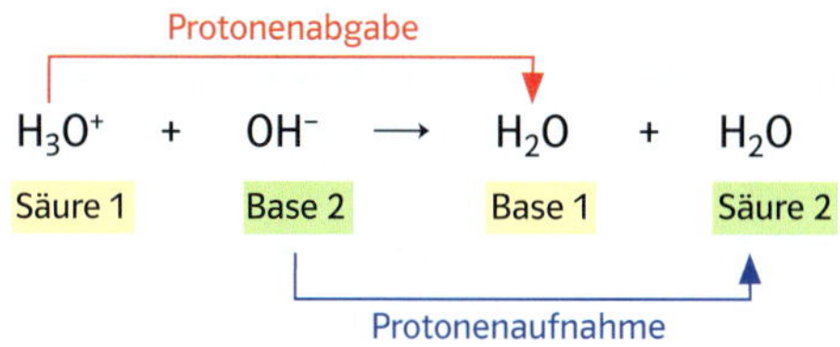

Bei der Neutralisation reagieren also Oxonium-Ionen mit Hydroxid-Ionen zu Wasser-Molekülen. Da ein Proton übertragen wird, handelt es sich um eine **Säure-Base-Reaktion**. Die beiden *korrespondierenden Säure-Base-Paare* sind H_3O^+/H_2O und H_2O/OH^-. Dies gilt unabhängig davon, welche Säure durch welche Lauge neutralisiert wird.

Bei einer Neutralisation reagieren Oxonium-Ionen mit Hydroxid-Ionen exotherm zu Wasser-Molekülen. Jede Neutralisation ist eine Säure-Base-Reaktion.

Mit dem pH-Wert lassen sich saure und alkalische Lösungen genauer charakterisieren.

pH-Werte wässriger Lösungen. Der pH-Wert einer sauren Lösung ist kleiner als 7. Je saurer eine Lösung ist, desto kleiner ist der pH-Wert und desto größer ist die Konzentration der H_3O^+-Ionen.
Der pH-Wert einer alkalischen Lösung ist größer als 7. Je alkalischer eine Lösung ist, desto größer ist der pH-Wert und die Konzentration der OH^--Ionen.
Der pH-Wert einer neutralen Lösung ist 7.
Eine neutrale Losung enthält relativ wenige und jeweils gleich viele H_3O^+-Ionen und OH^--Ionen. pH-Werte lassen sich mit Indikatoren ermitteln.

Der pH-Wert einer wässrigen Lösung hängt von der Konzentration der H_3O^+-Ionen und der Konzentration der OH^--Ionen ab.

B4 Neutralisation einer sauren Lösung mit einer alkalischen Lösung

---

A1 ○ Beschreibe die Gemeinsamkeiten von sauren und die Gemeinsamkeiten von alkalischen Lösungen.

A2 ◒ Beschreibe in eigenen Worten die Aufnahme eines Protons durch ein Ammoniak-Molekül von einem Wasser-Molekül. Nutze dazu die folgenden Fachbegriffe: Protonenakzeptor, Protonendonator, nicht bindendes Elektronenpaar, Säure-Base-Reaktion.

A3 ● Begründe, ob die folgenden Reaktionen Säure-Base-Reaktionen oder Redoxreaktionen sind:
a) Magnesium reagiert mit Brom.
b) Ammoniak reagiert Chlorwasserstoff.
c) Magnesium reagiert mit Salzsäure.
d) Kalilauge reagiert mit Schwefelsäure.

B5 Oxonium-Ion (H_3O^+), Kalottenmodell

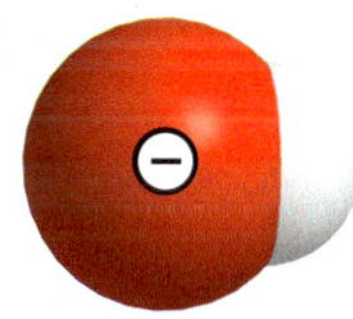

B6 Hydroxid-Ion (OH^-), Kalottenmodell

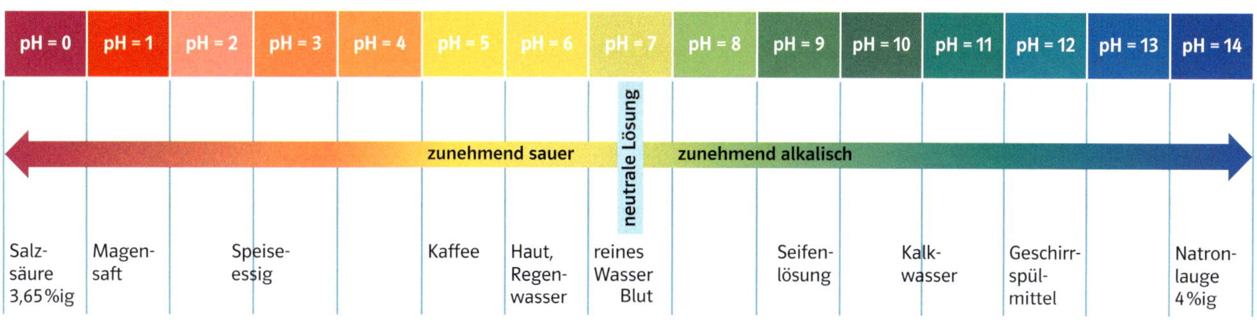

B7 pH-Werte einiger Lösungen

13 Chemie – quantitativ betrachtet

Stoff	Aluminium	Graphit	Wasser	Sauerstoff	Eisensulfid
Masse	27,0 g	12,0 g	18,0 g	32,0 g	87,9 g
Stoffportion	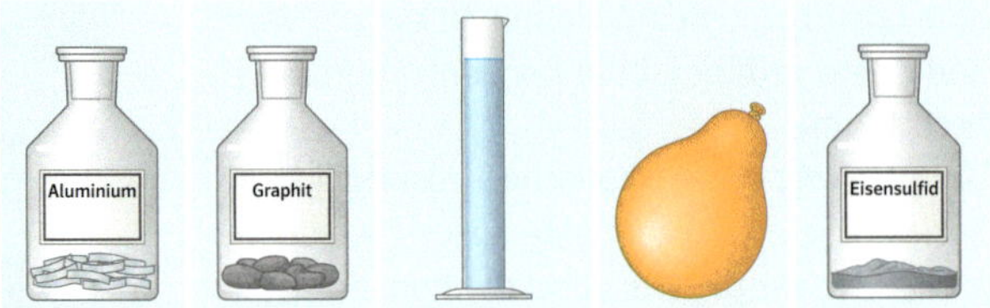				
Stoffmenge	1 mol	1 mol	1 mol	1 mol	1 mol
Teilchenanzahl	$6{,}022 \cdot 10^{23}$	$6{,}022 \cdot 10^{23}$	$6{,}022 \cdot 10^{23}$	$6{,}022 \cdot 10^{23}$	$6{,}022 \cdot 10^{23}$
Teilchenart	Al-Atome	C-Atome	H_2O-Moleküle	O_2-Moleküle	FeS-Gruppen
Teilchenmasse	27,0 u	12,0 u	18,0 u	32,0 u	87,9 u

***B1** Verschiedene Stoffportionen enthalten die gleiche Teilchenanzahl*

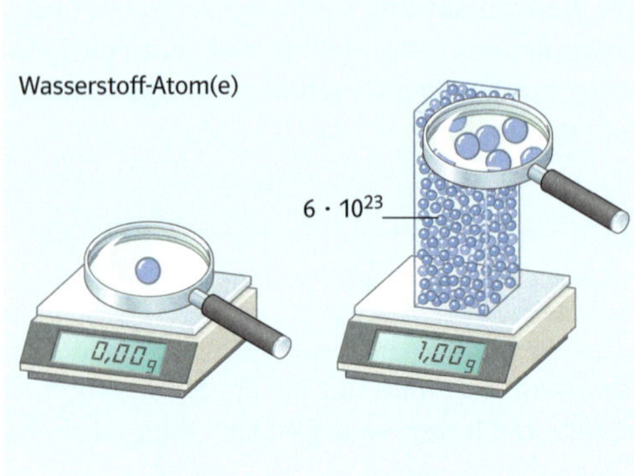

***B2** $6 \cdot 10^{23}$ Wasserstoff-Atome haben die Masse 1 g*

$\varrho = \frac{m}{V}$

$\Leftrightarrow \quad m = \varrho \cdot V$

$\Leftrightarrow \quad V = \frac{m}{\varrho}$

Ein Goldbarren der Masse $m = 100\,g$ hat das Volumen:

$V = \frac{100\,g}{19{,}32\,g/cm^3} = 5{,}18\,cm^3$

Ein Goldnugget mit dem Volumen $V = 100\,cm^3$ hat die Masse:

$m = 19{,}32\frac{g}{cm^3} \cdot 100\,cm^3 = 1932\,g = 1{,}932\,kg$

***B3** Umgang mit den Größen Masse, Volumen und Dichte*

$m_t(Na) = m_t(Na^+)$

$m_t(A) = m_t(A^{z+})$

$m_t(Cl) = m_t(Cl^-)$

$m_t(B) = m_t(B^{z-})$

***B4** Die Massen der Atom-Ionen entsprechen den Atommassen*

Für die Durchführung von chemischen Reaktionen oder die Herstellung von Lösungen benötigt man quantitative Angaben zu den einzusetzenden Stoffportionen.

Masse, Volumen und Dichte. Den Umfang einer Stoffportion beschreibt man häufig mit der **Masse** m oder mit dem **Volumen** V. Die **Dichte** ϱ ist eine Stoffeigenschaft. Mithilfe der Dichte kann man die Masse einer Stoffportion in das Volumen umrechnen und umgekehrt [B3]. Dabei dürfen die Einheiten nicht vergessen werden.

Teilchenmasse, Teilchenanzahl, Stoffmenge. Teilchenmassen m_t sind sehr klein. Deshalb gibt man sie in **u** (von engl. unit, Einheit) an.

Es gilt: $1\,u = 1{,}66054 \cdot 10^{-24}\,g$

$1\,g = 6{,}022 \cdot 10^{23}\,u$

Die Masse eines Moleküls oder einer Ionengruppe (Elementargruppe in Ionenverbindungen) ergibt sich durch Addition der Atommassen. Die Massen von Atom-Ionen entsprechen den Atommassen, da man die sehr kleine Differenz nicht berücksichtigt, die sich aus der Aufnahme bzw. Abgabe der Elektronen ergibt [B4].
Die Anzahl der Atome, Moleküle oder Ionen ist selbst in sehr kleinen Stoffportionen riesig groß. Deshalb fasst man eine sehr große Anzahl zur Einheit **Mol** zusammen. Eine Stoffportion, die $6{,}022 \cdot 10^{23}$ Teilchen enthält, hat die **Stoffmenge** $n = 1\,mol$ [B1, B2].

Die Stoffmenge n ist nur ein anderer Name für die **Teilchenanzahl** N. Der Begriff „Stoffmenge" wird jedoch bevorzugt verwendet, wenn die Teilchenanzahl in Mol angegeben wird. Die Einheit Mol hat den Vorteil, dass man mit kleinen Zahlen rechnen kann.

Das Mol ist die Einheit für die Anzahl von Teilchen. $1\,mol = 6{,}022 \cdot 10^{23}$ ($1\,mol \approx 6 \cdot 10^{23}$). Wird die Anzahl von Teilchen in der Einheit Mol angegeben, so spricht man von der Stoffmenge n.

$1\,mol = 6{,}022 \cdot 10^{23}$

Für die Umrechnung einer beliebigen Teilchenanzahl N in die Stoffmenge n verwendet man die **Avogadro-Konstante** $N_A = 6{,}022 \cdot 10^{23}\,mol^{-1}$.

$\text{Stoffmenge} = \frac{\text{Teilchenanzahl}}{\text{Avogadro-Konstante}} \qquad n = \frac{N}{N_A} \qquad$ Einheit: mol

Aus der Gleichung für die Stoffmenge lässt sich auch die Teilchenanzahl ermitteln:

$\text{Teilchenanzahl} = \text{Stoffmenge} \cdot \text{Avogadro-Konstante} \qquad N = n \cdot N_A$

Die Teilchenanzahl lässt sich auch als Quotient aus der Masse einer Stoffportion und der Teilchenmasse berechnen:

$\text{Teilchenanzahl} = \frac{\text{Masse}}{\text{Teilchenmasse}} \qquad N = \frac{m}{m_t}$

Die molare Masse. Trägt man für einige Massen m die jeweilige Stoffmenge n in ein Diagramm ein [B5], erkennt man, dass die **molare Masse** M der Proportionalitätsfaktor bzw. die Steigung der Geraden ist. Für jeden Stoff ist der Quotient aus der Masse m und der Stoffmenge n ein charakteristischer konstanter Wert, die molare Masse M.

molare Masse = $\frac{\text{Masse}}{\text{Stoffmenge}}$ $M = \frac{m}{n}$ Einheit: g/mol

Die molare Masse M ist identisch mit der Teilchenmasse m_t, sie wird nur in einer anderen Einheit angegeben.

Aus dieser Gleichung folgt für die Stoffmenge n:

Stoffmenge = $\frac{\text{Masse}}{\text{molare Masse}}$ $n = \frac{m}{M}$ Einheit: mol

Die molare Masse M eines Reinstoffs ist der Quotient aus der Masse m und der Stoffmenge n. Die Einheit von M ist g/mol.

Das molare Volumen. Der italienische Physiker AMEDEO AVOGADRO folgerte 1811, dass in gleichen Volumina verschiedener Gase gleich viele Teilchen enthalten sind, wenn der Druck der Gasportionen und deren Temperatur gleich sind [B6]. Der Quotient aus dem Volumen V und der Stoffmenge n eines Gases ist eine Konstante. Diese bezeichnet man als molares Volumen.

molares Volumen = $\frac{\text{Volumen}}{\text{Stoffmenge}}$ $V_m = \frac{V}{n}$ Einheit: l/mol

Das molare Volumen V_m ist der Quotient aus dem Volumen V und der Stoffmenge n eines Gases.

Das molare Volumen von Gasen bei Normbedingungen (bei 0 °C und 1013 hPa) beträgt $V_m \approx 22{,}4$ l/mol, bei Zimmertemperatur und Normaldruck (20 °C und 1013 hPa) $V_m \approx 24$ l/mol.

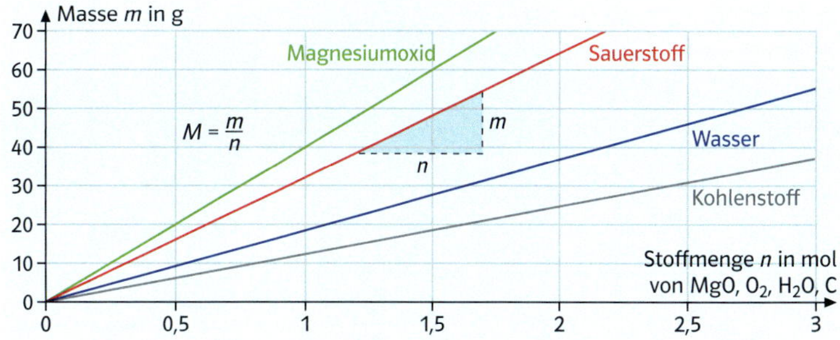

***B5** Zusammenhang Stoffmenge und Masse bei verschiedenen Reinstoffen*

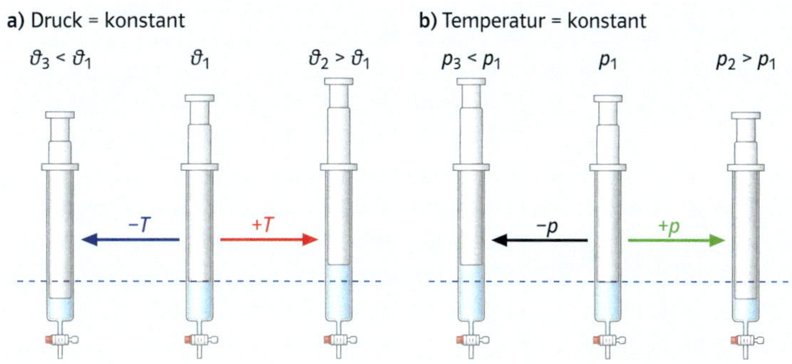

***B6** Zusammenhang zwischen Temperatur, Druck und Volumen bei Gasen. Das Volumen einer Gasportion ist nur abhängig von der Temperatur und dem Druck, aber unabhängig von der Art des Gases.*

Reaktionsgleichung	2 H_2	+	O_2	→	2 H_2O
Teilchenanzahl N **oder** **oder**	2 200 $2 \cdot 6 \cdot 10^{23}$		1 100 $1 \cdot 6 \cdot 10^{23}$		2 200 $2 \cdot 6 \cdot 10^{23}$
Stoffmengen n	2 mol		1 mol		2 mol
Massen m $N \cdot m_t$	 2 · 2 u	 +	 1 · 32 u	 =	 2 · 18 u
mit 1 u = 1 g/1 mol	2 mol · 2 g/mol 4 g	+ +	1 mol · 32 g/mol 32 g	= =	2 mol · 18 g/mol 36 g
Volumen V **mit V_m = 22,4 l/mol**	 2 mol · 22,4 l/mol = 44,8 l		 1 mol · 22,4 l/mol = 22,4 l		 2 mol · 22,4 l/mol = 44,8 l (Wasserdampf)

***B7** Quantitativer Zusammenhang der Größen Teilchenanzahl, Stoffmenge, Masse und Volumen am Beispiel der Reaktion von Wasserstoff mit Sauerstoff*

A1 ○ Ermittle für eine Stoffportion Wasser der Masse m(Wasser) = 36 g die molare Masse $M(H_2O)$, die Stoffmenge $n(H_2O)$ und die Teilchenanzahl $N(H_2O)$.

A2 ◒ Ermittle für eine Stoffportion Kohlenstoffmonooxid der Stoffmenge n(CO) = 0,5 mol die Masse m(Kohlenstoffmonooxid) und die Teilchenanzahl N(CO).

B8 *Essigsorten im Haushalt*

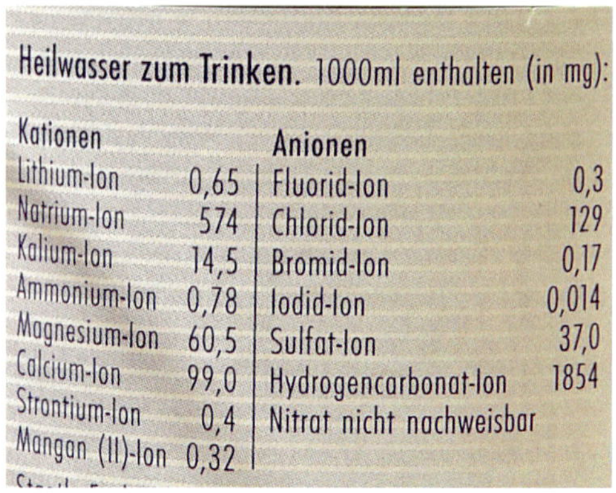

B9 *Etikett auf einer Flasche Mineralwasser*

Essig, Wein, Salzsäure oder Natronlauge sind Stoffgemische, also Mischungen aus mindestens zwei Komponenten. Für die Eigenschaften eines Gemisches ist ihre Zusammensetzung maßgeblich. Es gibt verschiedene Möglichkeiten, den Gehalt einer Komponente in einem Stoffgemisch anzugeben.

Der Massenanteil. Essig verfeinert den Geschmack und macht Lebensmittel haltbar [B8]. Die Eigenschaften des Essigs hängen vom Gehalt der im Essig gelösten Essigsäure ab. Die Gehaltsangabe bezieht sich auf den **Massenanteil** der im Essig gelösten Essigsäure als Anteil an der Gesamtmasse des Essigs.

Ein 5%iger Essig enthält 5 g Essigsäure in 100 g Essig. Essigessenz enthält in der Regel 25 g Essigsäure in 100 g Essig. Der Massenanteil *w* eines Bestandteils A ist der Quotient aus der Masse des Bestandteils *m*(Bestandteil A) dividiert durch die Gesamtmasse des Gemisches *m*(Gemisch).

$$w(\text{Bestandteil A}) = \frac{m(\text{Bestandteil A})}{m(\text{Gemisch})}$$

Der Massenanteil *w* eines Bestandteils eines Gemisches ist der Quotient aus der Masse *m* dieses Bestandteils und der Gesamtmasse *m* des Gemisches.

Der Massenanteil ist eine Zahl zwischen 0 und 1. Multipliziert man die Zahl mit 100 % erhält man den Massenanteil in Prozent.

B10 *Gehaltsangabe auf dem Etikett einer Bierflasche*

Größen
- *n*: Stoffmenge
- *N*: Teilchenanzahl
- *m*: Masse
- m_t: Teilchenmasse
- *M*: molare Masse
- *V*: Volumen
- V_m: molares Volumen
- ϱ: Dichte
- *w*: Massenanteil
- β: Massenkonzentration
- σ: Volumenkonzentration
- *c*: Stoffmengenkonzentration

Konzentrationen sind auf das Volumen bezogene Größen.

Die Massenkonzentration. Der Gehalt an Kationen und Anionen in einem Mineralwasser [B9] wird häufig in Milligramm pro Liter (mg/l) angegeben. Es handelt sich um die **Massenkonzentration**.

Die Massenkonzentration β ist der Quotient aus der Masse des Bestandteils A *m*(Bestandteil A) und dem Volumen der Lösung *V*(Lösung).

$$\beta(\text{Bestandteil A}) = \frac{m(\text{Bestandteil A})}{V(\text{Lösung})}$$

Mögliche Einheiten: mg/l, g/l, g/m^3

Die Massenkonzentration β eines Bestandteils einer Lösung ist der Quotient aus der Masse dieses Bestandteils und dem Volumen der Lösung.

Die Volumenkonzentration. Auf den Etiketten alkoholischer Getränke steht der Alkoholgehalt in Prozent [B10]. Es handelt sich um die **Volumenkonzentration**.

Die Volumenkonzentration σ eines Bestandteils A ist der Quotient aus dem Volumen des Bestandteils *V*(Bestandteil A) dividiert durch das Gesamtvolumen des Gemisches *V*(Gemisch).

$$\sigma(\text{Bestandteil A}) = \frac{V(\text{Bestandteil A})}{V(\text{Gemisch})}$$

Die Volumenkonzentration σ eines Bestandteils einer Lösung ist der Quotient aus dem Volumen dieses Bestandteils und dem Volumen der Lösung.

Die Volumenkonzentration ist eine Zahl zwischen 0 und 1. Multipliziert man die Zahl mit 100 %, erhält man die Volumenkonzentration in Prozent.

Die Stoffmengenkonzentration und die Titration. Neben der Bestimmung des Massenanteils *w* eines Bestandteils einer Lösung wird im Labor [B11] oft die **Stoffmengenkonzentration** *c* bestimmt. Dabei nutzt man die Tatsache, dass sich Lösungen mit jeweils gleicher Anzahl von H_3O^+- bzw. OH^--Ionen neutralisieren, wie aus der Reaktionsgleichung für die Neutralisation folgt:

$$H_3O^+ + OH^- \longrightarrow 2\ H_2O$$

Die Stoffmengenkonzentration *c* ist der Quotient aus der Stoffmenge des gelösten Bestandteils *n*(Teilchen A) und dem Volumen der Lösung *V*(Lösung).

$$c(\text{Teilchen A}) = \frac{n(\text{Teilchen A})}{V(\text{Lösung})}$$

Übliche Einheit: mol/l

$$\Leftrightarrow \quad n(\text{Teilchen A}) = c(\text{Teilchen A}) \cdot V(\text{Lösung})$$

Die Stoffmengenkonzentration *c* bestimmter Teilchen ist der Quotient aus der Stoffmenge dieser Teilchen und dem Volumen der Lösung.

Die Stoffmengenkonzentration *c* einer Lösung lässt sich durch Titration ermitteln. Dabei tropft man eine **Maßlösung** zu einer **Probelösung**, bis ein Indikator umschlägt. Aus dem Volumen der verbrauchten Maßlösung, ihrer Konzentration und dem Volumen der Probelösung lässt sich die Konzentration der Probelösung [B12] bestimmen. Eine Titration wird auch als **Maßanalyse** bezeichnet.

B11 *Titration im Labor*

Beispiel: Zur Neutralisation von 20 ml Natronlauge (Probelösung) werden 25 ml Salzsäure der Konzentration $c(\text{HCl}) = 0{,}1\ \text{mol/l}$ (Maßlösung) benötigt.

Berechne
a) die Konzentration der Natronlauge sowie
b) die Stoffmenge und
c) die Masse des in der Probelösung gelösten Natriumhydroxids.

a) Konzentration der Natronlauge:

$$n(\text{NaOH}) = n(\text{OH}^-) = n(\text{H}_3\text{O}^+) = n(\text{HCl})$$

$$c(\text{NaOH}) \cdot V(\text{Natronlauge}) = c(\text{HCl}) \cdot V(\text{Salzsäure})$$

$$c(\text{NaOH}) = \frac{c(\text{HCl}) \cdot V(\text{Salzsäure})}{V(\text{Natronlauge})} = \frac{0{,}1\,\frac{\text{mol}}{\text{l}} \cdot 0{,}025\,\text{l}}{0{,}020\,\text{l}} = 0{,}125\,\frac{\text{mol}}{\text{l}}$$

b) Stoffmenge des Natriumhydroxids in der Probelösung:

$$\begin{aligned} n(\text{NaOH}) &= n(\text{HCl}) = c(\text{HCl}) \cdot V(\text{Salzsäure}) \\ &= 0{,}1\,\text{mol/l} \cdot 0{,}025\,\text{l} \\ &= 0{,}0025\,\text{mol} \end{aligned}$$

c) Masse des Natriumhydroxids in der Probelösung:

$$\begin{aligned} m(\text{Natriumhydroxid}) &= n(\text{NaOH}) \cdot m_t(\text{NaOH}) \\ &= 0{,}0025\,\text{mol} \cdot 40\,\text{u} \\ &= 0{,}0025\,\text{mol} \cdot 40\,\text{g/mol} \\ &= 0{,}10\,\text{g} \end{aligned}$$

B12 *Beispiel für die Ermittlung einer Konzentration durch Titration*

A3 ○ In 1 kg Salzsäure sind 365 g Chlorwasserstoff gelöst. Berechne den Massenanteil *w*(Chlorwasserstoff).

A4 ◒ 5 ml eines Mineralwassers enthalten 2 mg Calcium-Ionen. Berechne die Massenkonzentration $\beta(\text{Ca}^{2+})$.

A5 ◒ In 1 l Natronlauge sind 80 g Natriumhydroxid gelöst. Berechne die Stoffmengenkonzentration *c*(NaOH).

A6 ◒ Zur Neutralisation von 25 ml Salzsäure werden 40 ml Natronlauge der Konzentration $c(\text{NaOH}) = 1\ \text{mol/l}$ benötigt. Berechne die Stoffmengenkonzentration *c*(HCl).

Tipp
Anhand der Einheiten kann man überprüfen, ob beim Hantieren mit den Größengleichungen nicht doch ein Fehler unterlaufen ist.

14 Kohlenwasserstoffe im Überblick

Name des Alkans	Molekülformel
Methan	CH_4
Ethan	C_2H_6
Propan	C_3H_8
Butan	C_4H_{10}
Pentan	C_5H_{12}
Hexan	C_6H_{14}
Heptan	C_7H_{16}
Octan	C_8H_{18}
Nonan	C_9H_{20}
Decan	$C_{10}H_{22}$
Undecan	$C_{11}H_{24}$

B1 *Homologe Reihe der Alkane*

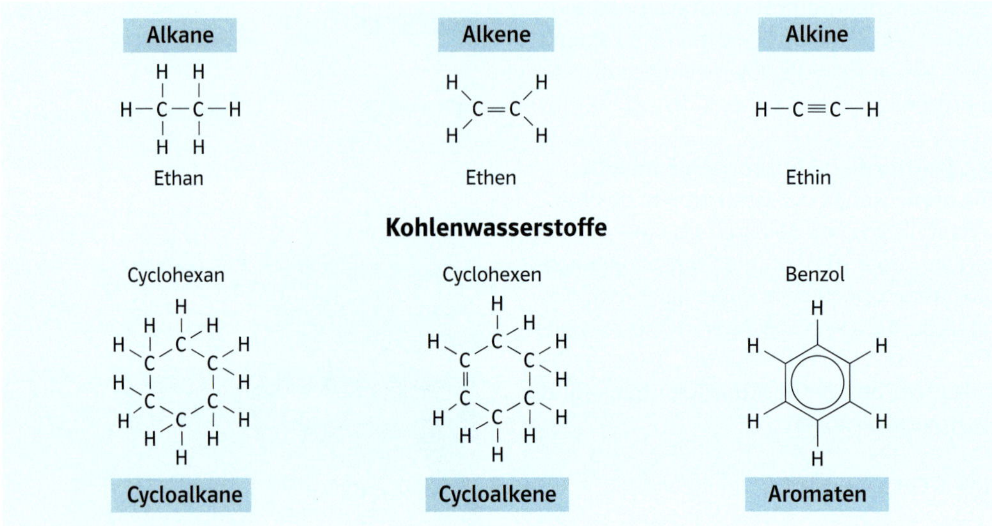

B2 *Vertreter wichtiger homologer Reihen von Kohlenwasserstoffen*

Butan

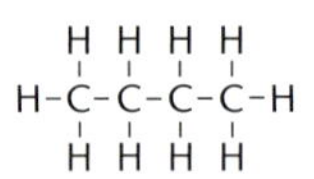

$CH_3CH_2CH_2CH_3$

C_4H_{10}

Isobutan (2-Methylpropan)

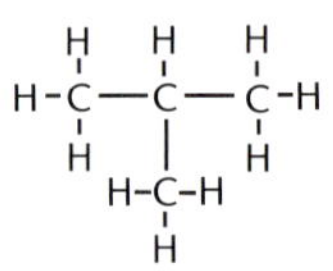

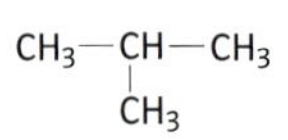

$CH_3CHCH_3CH_3$

C_4H_{10}

B3 *Isomere Verbindungen zur Molekülformel C_4H_{10} – dargestellt mit Struktur- und Halbstrukturformeln*

Organische Verbindungen. Unter „organischer Chemie" versteht man die Chemie der Kohlenstoff-Verbindungen. Das Kohlenstoff-Atom steht in der 2. Periode und IV. Gruppe des Periodensystems. Es geht aufgrund seiner vier Außenelektronen vier Elektronenpaarbindungen ein. Diese Vierbindigkeit ermöglicht eine große Vielfalt von Verbindungen.

In organischen Molekülen kommen neben den Kohlenstoff-Atomen vor allem die Elemente Wasserstoff, Stickstoff, Sauerstoff, Phosphor, Schwefel und die Halogene vor. Dazu kommt, dass die Kohlenstoff-Atome untereinander Bindungen eingehen können. Nur die Oxide des Kohlenstoffs, die Kohlensäure und ihre Salze zählt man nicht zu den organischen, sondern zu den anorganischen Verbindungen.
Organische Verbindungen bilden Erdöl, Erdgas, Kunststoffe, Waschmittel, Arzneimittel, Farbstoffe, Kosmetika, Fette, Kohlenhydrate und Proteine.

Kohlenwasserstoffe sind Verbindungen, die aus Kohlenstoff- und Wasserstoff-Atomen aufgebaut sind. Kohlenstoff-Atome können nicht nur durch Einfach-, sondern auch durch Doppel- oder Dreifachbindungen verbunden sein. Zudem gibt es auch Kohlenwasserstoff-Moleküle mit ringförmigen (cyclischen) Molekülgerüsten [B2].

Die Kohlenwasserstoffe sind vor allem durch ihre Verwendung als fossile Brennstoffe und als Ausgangsstoffe für die Synthese von technisch und wirtschaftlich bedeutsamen Stoffen von großer Bedeutung.

Homologe Reihe. Bei den Alkanen, Alkenen und Alkinen unterscheiden sich benachbarte Moleküle um eine CH_2-Gruppe [B1].
Die allgemeine *Molekülformel* für Alkane lautet C_nH_{2n+2}, für Alkene C_nH_{2n} und für Alkine C_nH_{n-2} ($n = 1, 2, 3, \ldots$).

Isomere. Moleküle, die bei gleicher Molekülformel unterschiedliche Strukturformeln haben, bezeichnet man als Strukturisomere oder Konstitutionsisomere.

Strukturformeln. Mit Strukturformeln lassen sich Moleküle übersichtlich darstellen [B3]. Dabei werden bindende und nicht bindende (freie) Elektronenpaare als Striche dargestellt.

Halbstrukturformeln. Anstelle mit Strukturformeln werden Moleküle häufig mit Halbstrukturformeln dargestellt . Dazu werden Formelteile wie in einer Molekülformel zusammengefasst [B3]. Dabei muss allerdings weiter erkennbar bleiben, welche Atome miteinander verbunden sind.

Einteilung der Kohlenwasserstoffe. Kohlenwasserstoffe können in gesättigte, ungesättigte und aromatische Kohlenwasserstoffe unterteilt werden [B2].

Die **gesättigten Kohlenwasserstoffe** bestehen aus Molekülen, die nur C–C-Einfachbindungen aufweisen. Sie werden in kettenförmige und ringförmige (cyclische) Kohlenwasserstoffe unterteilt. Alkane bestehen aus kettenförmigen Molekülen, die auch vielfältige Verzweigungen aufweisen können. Ringförmige Alkan-Moleküle werden als Cycloalkane bezeichnet. Ihre allgemeine Molekülformel lautet C_nH_{2n}.

Ungesättigte Kohlenwasserstoffe lassen sich in Alkene, Cycloalkene und Alkine einteilen. Moleküle der Alkene und Cycloalkene enthalten C=C-Doppelbindungen, Moleküle der Alkine C≡C-Dreifachbindungen.

Sowohl Benzol als auch die Benzol-Abkömmlinge gehören zu den **Aromaten** (von lat. aroma, Wohlgeruch). Im Benzol-Molekül ist jedes Kohlenstoff-Atom mit je einem Elektronenpaar mit zwei weiteren Kohlenstoff-Atomen und einem Wasserstoff-Atom verbunden. Die verbleibenden sechs Elektronen, von jedem Kohlenstoff-Atom eines, sind über den ganzen Ring verteilt (delokalisiert).

Nomenklatur. Die systematische Benennung von Verbindungen wird in der Chemie als **Nomenklatur** bezeichnet. Ein Verbindungsname muss eindeutig sein und nur zu einer Strukturformel führen. In [B4] sind die Regeln für die Benennung verzweigter Alkane aufgeführt. Die Namen der Alkene und Alkine leiten sich von denen der Alkane mit entsprechender Kohlenstoff-Atomanzahl ab und enden mit der Nachsilbe „en" bzw. „in". Zusätzlich muss man noch die Lage der Doppel- bzw. Dreifachbindung im Molekül berücksichtigen [B5].

Die Moleküle der Kohlenwasserstoffe bestehen nur aus Kohlenstoff- und Wasserstoff-Atomen. Die Kohlenstoff-Atome sind durch Einfach-, Doppel- oder Dreifachbindungen verbunden. Die Verbindungen müssen eindeutig benannt werden.

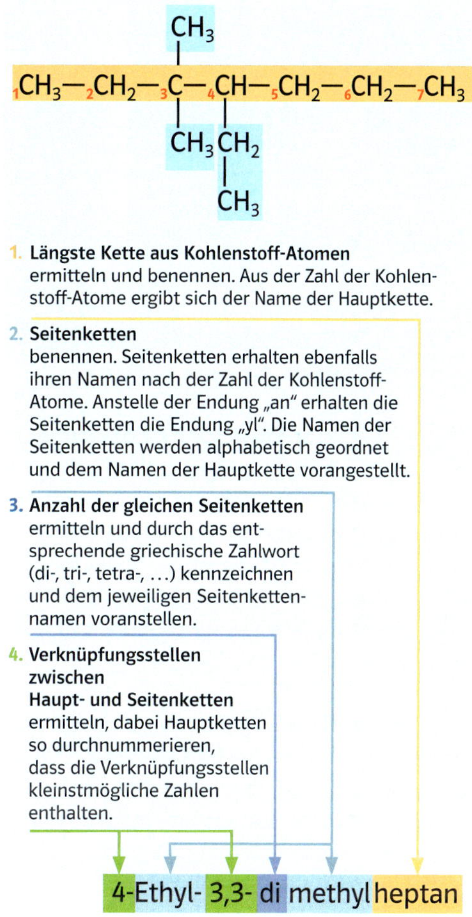

B4 Benennung eines Alkans. Die Länge der Hauptkette bestimmt den Grundnamen der Verbindung

A1 ◒ a) Zeichne die Strukturformeln zu den Summenformeln folgender Kohlenwasserstoff-Moleküle: a) C_3H_8, b) C_3H_6, c) C_3H_4.
b) Benenne die Verbindungen.

A2 ● a) Stelle die Halbstrukturformeln für die Moleküle der folgenden Verbindungen auf: 3,3-Dimethylpentan, 3-Methylhexan, 3-Ethylheptan, 3-Ethyl-2-methylhexan, 2,3,3-Trimethylhexan.
b) Nenne die Verbindungen, die isomer zueinander sind.

A3 ● Stelle die Halbstrukturformeln zu C_6H_{14} auf und benenne die Verbindungen.

Summen- und Molekülformel Eine Summenformel gibt die Art und Anzahl der Atome einer chemischen Verbindung an. Besteht die Verbindung aus Molekülen, ist die Summenformel eine Molekülformel.

Alkylgruppe Allgemein wird der aus einem Alkan-Molekül durch Abspaltung eines Wasserstoff-Atoms hervorgehende „Molekülrest" als Alkylrest oder Alkylgruppe bezeichnet.
Alkylgruppe: $–C_nH_{2n+1}$
Methylgruppe: $–CH_3$
Ethylgruppe: $–CH_2–CH_3$
oder $–C_2H_5$

But-1-en, ein Alken
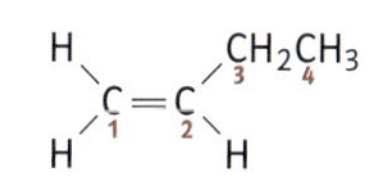
$CH_2CHCH_2CH_3$
C_4H_8

But-2-in, ein Alkin
$H_3C–C≡C–CH_3$
$CH_3C_2CH_3$
C_4H_6

B5 Benennung eines Alkens (oben) und eines Alkins (unten)

15 Eigenschaften der Kohlenwasserstoffe

Methan ist Hauptbestandteil des Erdgases. Camping- und Feuerzeuggas bestehen überwiegend aus Propan und Butan. Flüssige Alkane sind in Benzinen, Diesel- und Heizöl enthalten. Feste Alkane werden manchmal einfach nur „Parafine" genannt. Man findet sie z. B. in Kerzen, Wachsmalstiften und in der Schutz hülle von Schnittkäse.

B1 *Alkane können fest, flüssig oder gasförmig sein*

B2 *Modell des Methan-Moleküls. Das Kohlenstoff-Atom bildet die Mitte eines Tetraeders*

Alkane – Struktur-Eigenschaftsbeziehungen. Die Alkane bestehen aus kettenförmigen Kohlenwasserstoff-Molekülen, die auch noch Verzweigungen von Alkylgruppen aufweisen können. Die C–H-Bindungen der Alkan-Moleküle weisen wegen der geringen Unterschiede in der Elektronegativität der Bindungspartner nur eine geringe Polarität auf.

Aufgrund der tetraedrischen Anordnung der Bindungspartner um die Kohlenstoff-Atome [B2] haben Alkan-Moleküle keinen Dipolcharakter. Alkan-Moleküle sind **unpolar**. Der Aufbau der Alkan-Moleküle ist entscheidend für die Eigenschaften der Alkane.

Name	Molekülformel	Schmelztemperatur ϑ_{sm} in °C	Siedetemperatur ϑ_{sd} in °C	Dichte ϱ in g/cm³	Viskosität
Methan	CH_4	–182	–161	0,47*	nimmt zu ↓
Ethan	C_2H_6	–183	–88	0,57*	
Propan	C_3H_8	–186	–42	0,59*	
Butan	C_4H_{10}	–135	–1	0,60*	
Pentan	C_5H_{12}	–129	36	0,63	
Hexan	C_6H_{14}	–94	68	0,66	
Heptan	C_7H_{16}	–90	98	0,68	
Octan	C_8H_{18}	–56	126	0,70	
Nonan	C_9H_{20}	–53	150	0,72	
Decan	$C_{10}H_{22}$	–30	174	0,73	
⋮	⋮				
Hexadecan	$C_{16}H_{34}$	18	287	0,77	
Heptadecan	$C_{17}H_{36}$	22	302	0,78	

* im flüssigen Zustand (nahe der Siedetemperatur)

B3 *Eigenschaften der Alkane im Vergleich*

Kettenlänge und Anziehungskräfte. Mit zunehmender Kettenlänge nehmen die gegenseitigen Berührungs- und Polarisierungsmöglichkeiten und damit die Anziehungskräfte zwischen den Alkan-Molekülen zu [B4]. Die Ursache ist die Ausbildung **temporärer Dipole**, zwischen denen **London-Kräfte** wirken.

Mit zunehmender Kettenlänge der Moleküle nehmen daher die Siede- und Schmelztemperaturen sowie die **Viskosität** der Alkane zu [B3]. Kleine Abweichungen bei den Schmelztemperaturen von dieser Regel hängen damit zusammen, dass die Schmelztemperaturen auch von der Anordnung der Moleküle im Molekülgitter beeinflusst werden.

Der Vergleich von isomeren Molekülen zeigt, dass unverzweigte Moleküle eine größere Oberfläche haben als verzweigte Moleküle. Pentan weist deshalb z. B. eine höhere Siedetemperatur (36 °C) als das isomere 2,2-Dimethylpropan (10 °C) auf.

Diese Tendenzen, die sich bei den Alkanen zeigen, gelten für alle Kohlenwasserstoffe.

Die Anziehungskräfte zwischen Alkan-Molekülen sowie allen Kohlenwasserstoff-Molekülen nehmen mit wachsender Kettenlänge und Oberfläche zu.
Die Ursache ist die Ausbildung temporärer Dipole. Zwischen temporären Dipolen wirken die London-Kräfte.

Löslichkeit. Alle Alkane sind ineinander löslich, in Wasser lösen sie sich nur in Spuren. Ob zwei Stoffe ineinander löslich sind, hängt weitgehend von den Kräften ab, die zwischen den Teilchen wirken. Zwischen den unpolaren Alkan-Molekülen herrschen London-Kräfte; zwischen den polaren Wasser-Molekülen bestehen aber zusätzliche Wasserstoffbrücken.

Je ähnlicher die Polaritäten der Teilchen zweier Stoffe sind, desto besser lösen sie sich ineinander. Als Faustregel gilt: Ähnliches löst sich in Ähnlichem.

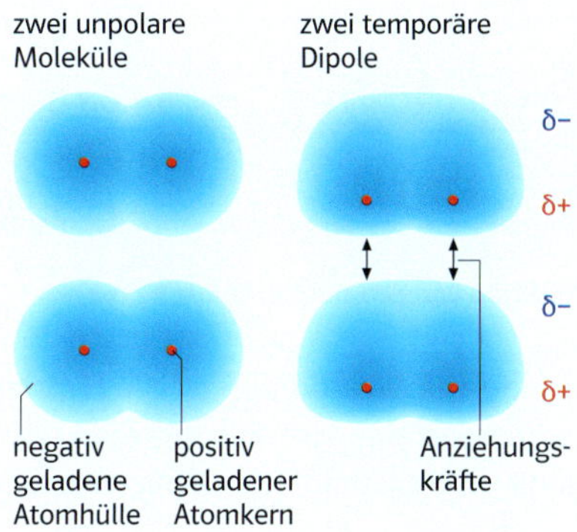

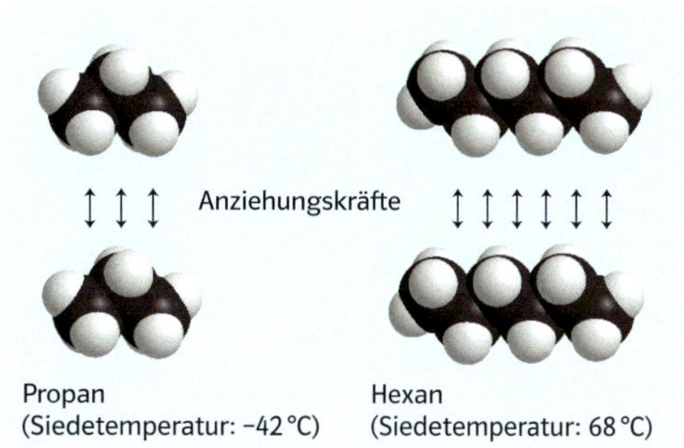

B4 *Durch Elektronendichteverschiebung können Alkan-Moleküle kurzzeitig zu Dipolen werden. Die Anziehungskräfte nehmen mit wachsender Kettenlänge zu*

B5 *Der Schmierfilm des Öls vermindert durch seine Viskosität den Verschleiß der Fahrradteile*

Viskosität Der Begriff geht auf den zähen Saft der Beeren von Misteln (lat. Viscum) zurück.

Hohe Viskosität bedeutet Dickflüssigkeit, niedrige Dünnflüssigkeit.

Zur Charakterisierung des Lösungsverhaltens eines Stoffes gegenüber Wasser verwendet man den Begriff **hydrophil** (wasserfreundlich) bei guter Wasserlöslichkeit und **hydrophob** (wassermeidend) bei schlechter Wasserlöslichkeit. Außer den Alkanen sowie den weiteren Kohlenwasserstoffen zählen vor allem Fette und Öle zu den besonders hydrophoben Stoffen. Fettlösliche Stoffe bezeichnet man als **lipophil**, wenig fettlösliche als **lipophob**. Aufgrund der lipophilen Eigenschaften kann ein Kohlenwasserstoffgemisch wie Benzin z. B. zur Entfernung von Ölflecken verwendet werden.

Brennbarkeit und Entflammbarkeit. Viele Kohlenwasserstoffe werden verbrannt, um die dabei abgegebene thermische Energie zu nutzen. Mit zunehmender Kettenlänge ihrer Moleküle entstehen bei ihrer Verbrennung Rußpartikel [B6]. Ungesättigte Kohlenwasserstoffe rußen stärker als gesättigte Kohlenwasserstoffe bei vergleichbarer Größe ihrer Moleküle.

Bei ausreichender Sauerstoffzufuhr und genügend hoher Temperatur verbrennen Kohlenwasserstoffe zu Kohlenstoffdioxid und Wasser.

Von vielen Kohlenwasserstoffen gehen Brand- und Explosionsgefahren aus. Propan, Butan und Gemische dieser Alkane werden als Treibmittel, z. B. in Haar- und Deodorantsprays, eingesetzt. Da diese Alkane mit Luft explosionsfähige Gemische bilden, dürfen Spraydosen nicht in der Nähe von offenen Flammen eingesetzt werden.

Kohlenwasserstoffe, deren Moleküle aus einem bis acht C-Atomen aufgebaut sind, lassen sich leicht entflammen, da sie bereits bei Zimmertemperatur verdunsten.

B6 *Die Kettenlänge der Moleküle und die Rußbildung der Flamme nimmt von Butan zum Paraffinöl zu. Butan (links), Benzin (Mitte), Paraffinöl (rechts).*

hydrophil von griech. hydor, Wasser und philos, Freund

hydrophob von griech. hydor, Wasser und phobos Scheu

lipophil von griech. lipos, Fett und philos, Freund

lipophob von griech. lipos, Fett und phobos Scheu

A1 ○ Erkläre die Zunahme der Siedetemperatur und Viskosität von Hexan bis Decan [B3].

A2 ◒ Zeichne die Strukturformeln von Hexan, 2,2-Dimethylbutan und 3-Methylpentan und ordne begründet die Siedetemperaturen von 50 °C, 63 °C und 68 °C zu.

A3 ◒ Begründe, warum man mit Benzin einen Fettfleck entfernen kann, aber nicht mit Wasser.

A4 ● Ein Gefahrenhinweis auf einem Deodorantspray lautet: „Extrem entzündbares Aerosol, Bildung explosionsfähiger Gemische möglich." Erkläre, weshalb dieser Hinweis hier nötig ist.

16 Reaktionen der Kohlenwasserstoffe

Die Lösung von Heptan und Brom (links) entfärbt sich bei Belichtung rasch.

Die Bromwasserstoff-Nebel verursachen die Farbänderung des feuchten Indikator-Papiers (rechts).

***B1** Reaktion von Heptan mit Brom*

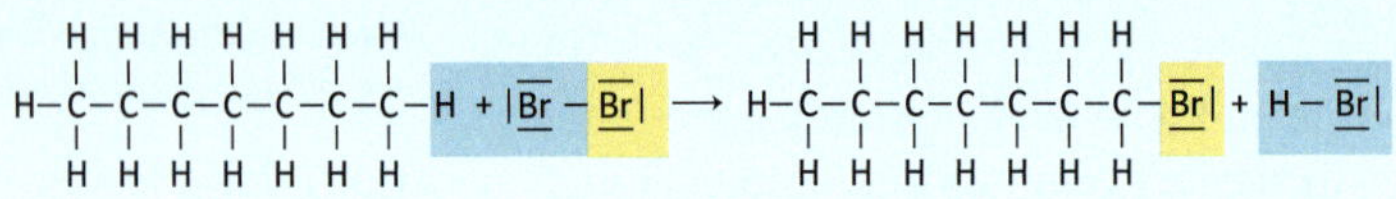

***B2** Heptan und Brom reagieren zu Bromheptan und Bromwasserstoff*

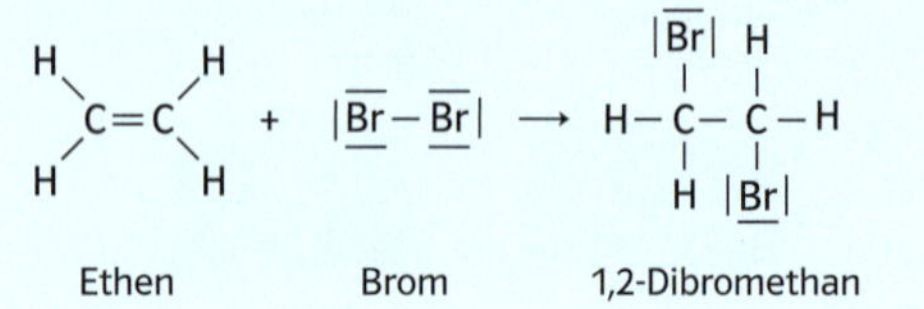

***B3** Addition von Brom an Ethen*

Erdöl und Erdgas bestehen vor allem aus verschiedenen Alkanen. Diese gehören zu den gesättigten Kohlenwasserstoffen. Alkane sind so reaktionsträge, dass selbst die reaktiven Halogene nur unter bestimmten Voraussetzungen mit ihnen reagieren.

Substitution. Bei Belichtung reagiert z.B. Heptan mit Brom [B1]. Im Heptan-Molekül werden dabei ein oder mehrere Wasserstoff-Atome durch Brom-Atome ersetzt (substituiert) [B2].

Eine Reaktion, bei der Atome (Atomgruppen) durch andere Atome (Atomgruppen) ersetzt werden, nennt man Substitution.

Addition. Ethen-Moleküle und andere Alken-Moleküle können aufgrund der Doppelbindung im Molekül viele verschiedene Atome oder Atomgruppen binden. Solche Reaktionen nennt man **Additionsreaktionen**.
Damit kann eine große Vielfalt organischer Verbindungen gezielt hergestellt werden. Grundsätzlich sind Additionsreaktionen nicht nur bei Alkenen möglich. Additionsreaktionen können viele andere Stoffe eingehen, deren Moleküle Doppelbindungen enthalten. Als Reaktionspartner eignen sich neben Halogenen [B3] zum Beispiel auch Halogenwasserstoffe, Wasser und Wasserstoff.

1-Bromheptan
$CH_2{-}(CH_2)_5{-}CH_3$ (Br am ersten C-Atom: |Br|)
2-Bromheptan
$CH_3{-}CH{-}(CH_2)_4{-}CH_3$ (Br am zweiten C-Atom: |Br|)
3-Bromheptan
$CH_3{-}CH_2{-}CH{-}(CH_2)_3{-}CH_3$ (Br am dritten C-Atom: |Br|)

***B4** Einige Bromheptane und ihre Benennung*

Substitution von lat. substituere, ersetzen

Addition von lat. addere, dazugeben

Hydrierung bezeichnet die Addition von Wasserstoff (lat. hydrogenium) an chemische Elemente oder Verbindungen.

Ein Sonderfall der Addition ist die **Hydrierung**. Dabei reagiert das Molekül, das eine Doppelbindung enthält, mit einem Wasserstoff-Molekül.

Das einfachste Beispiel für eine Hydrierung ist die Reaktion von Ethen mit Wasserstoff zu Ethan [B5, oben]: Aus einem Alken entsteht durch Hydrierung somit ein Alkan.

Chemische Reaktionen, bei denen ein Molekül unter Aufspaltung einer Doppelbindung andere Atome oder Atomgruppen bindet, nennt man Additionsreaktionen.

Eliminierung. Auch die Umkehrreaktion einer Addition ist möglich: Dabei wird aus einem Molekül ein kleineres Molekül abgespalten. Solche chemischen Reaktionen nennt man **Eliminierungsreaktionen**. Ein Beispiel dafür ist die **Dehydrierung** von Ethan [B5, unten]. Dabei entstehen Ethen und Wasserstoff.

Reaktionen, bei denen aus Molekülen kleine Moleküle abgespalten werden, sind Eliminierungsreaktionen.

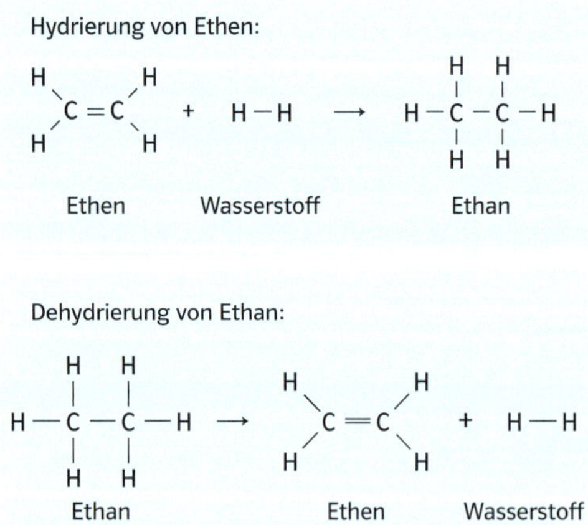

***B5** Hydrierung (oben) und Dehydrierung (unten)*

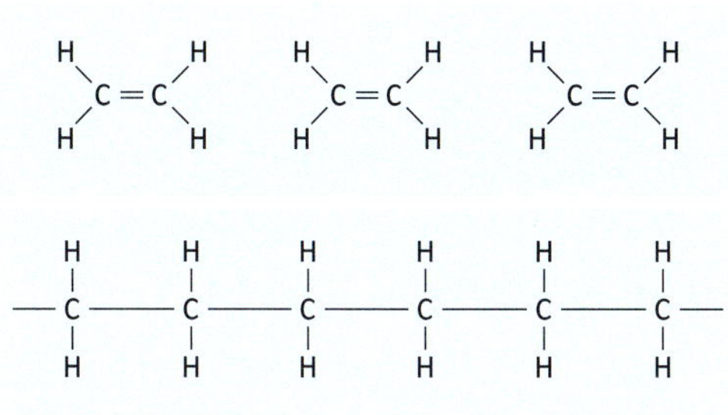

B6 *Bildung einer Polyethen-Kette aus Monomeren. Oben: 3 Ethen-Monomere, unten: Ausschnitt aus der Strukturformel des Polymers*

B7 *Links: Aus gefärbtem Polyethen-Granulat können unterschiedlichste Gebrauchsgegenstände thermisch geformt werden. Rechts: Mülltonnen können aus Recycling-Polyethen hergestellt werden*

Polymerisation. Ethen-Moleküle können aufgrund ihrer Doppelbindung mit vielen weiteren Ethen-Molekülen Riesenmoleküle bilden [B6]. Diese Reaktion nennt man **Polymerisation**. Die kleinen Ausgangsmoleküle nennt man Monomere, die aus ihnen entstehenden Riesenmoleküle nennt man Makromoleküle oder **Polymere**.
Die Kettenlängen der Polyethen-Makromoleküle schwanken in weiten Grenzen. In einem Makromolekül können bis zu 200 000 Kohlenstoff-Atome aneinandergereiht sein. Viele andere Kunststoffe werden aus Monomeren hergestellt, die sich vom Ethen ableiten. Bei ihnen sind ein oder mehrere Wasserstoff-Atome durch andere Atome oder Atomgruppen ersetzt. Dadurch entstehen Kunststoffe mit anderen Eigenschaften für verschiedenste Verwendungszwecke [B7].

A1 a) Formuliere die Reaktionsgleichung mit Strukturformeln für die Bildung von 1,2-Dibromethan und Bromwasserstoff aus Ethan und Brom. Benenne den Reaktionstyp.
b) Formuliere die Reaktionsgleichung mit Strukturformeln für die Bildung von Ethanol aus Ethen und Wasser. Benenne den Reaktionstyp.
c) Formuliere die Reaktionsgleichung mit Strukturformeln für die Bildung von Propen aus 2-Brompropan und benenne den Reaktionstyp.

A2 Der Kunststoff Polytetrafluorethen ist auch unter dem Handelsnamen Teflon® bekannt. Zeichne einen Strukturformelausschnitt des Polymers mithilfe von [B8].

Durch eine Polymerisation können aus sehr vielen kleinen Molekülen (Monomeren) riesige Moleküle (Polymere) gebildet werden.

Cracken. Um aus reaktionsträgen Alkan-Molekülen reaktive Moleküle wie die Alken-Moleküle zu gewinnen, wird das **Cracken** genutzt. Starkes Erhitzen, Druck und Katalysatoren bewirken, dass aus langkettigen Alkan-Molekülen vor allem kurzkettige Alken-Moleküle entstehen [B9]. Diese können dann für Reaktionen mit Reaktionspartnern wie z. B. Alkoholen, Sauerstoff, Wasserstoff und Kohlenstoffmonooxid eingesetzt werden.

Beim Cracken werden langkettige Kohlenwasserstoff-Moleküle in kürzere Moleküle zerlegt.

Monomere von griech. monos, eins und meros, Teil

Polymere von griech. polys, viel und meros, Teil

Polymerisation chemische Reaktion bei der ein Polymer gebildet wird

Makro von griech. makros, groß oder weit

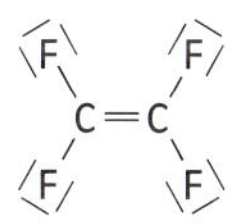

B8 *Strukturformel von Tetrafluorethen, zu A2*

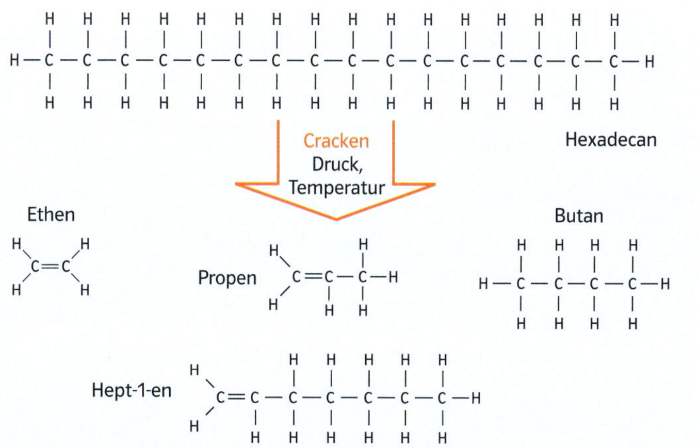

B9 *Cracken schematisch. Lange Moleküle werden unter dem Einfluss von Katalysatoren, Druck und Temperatur in kleinere Moleküle gespalten*

17 Alkohole

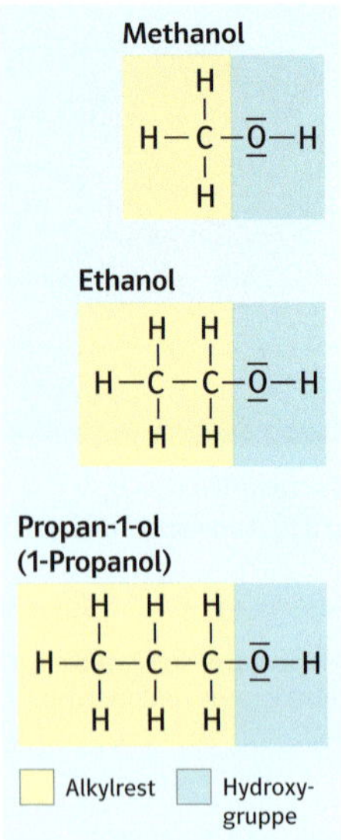

***B1** Strukturformeln einiger Alkanole*

Alkohole sind organische Stoffe, deren Moleküle eine oder mehrere **Hydroxygruppen** aufweisen. Diese Gruppe beeinflusst die Eigenschaften und das Reaktionsverhalten der Alkohole. Sie wird deshalb als **funktionelle Gruppe** bezeichnet. Alkohole, die sich von den Alkanen ableiten, nennt man Alkanole. Jedes Alkanol ist daher ein Alkohol. Aber nicht jeder Alkohol ist ein Alkanol.

Alkanole – eine homologe Reihe. Die Alkanol-Moleküle lassen sich wie die Alkan-Moleküle in einer Reihe anordnen. Der alkanähnliche Molekülteil wird als **Alkylgruppe** oder **Alkylrest** bezeichnet [B1]. Auch hier unterscheidet sich jedes Molekül dieser Reihe von dem vorhergehenden durch das Hinzukommen einer weiteren CH_2-Gruppe [B2].
Die Alkanol-Moleküle besitzen die allgemeine Molekülformel $C_nH_{2n+1}OH$.

Isomerie und Nomenklatur. Das Propanol-Molekül besteht aus einer OH-Gruppe und einer Alkylgruppe (Propylgruppe). Es gibt zwei verschiedene Propanol-Moleküle [B3, oben]. Die OH-Gruppe ist beim oberen Molekül mit dem 1. und beim unteren Molekül mit dem 2. C-Atom verbunden. Beide Propanol-Moleküle besitzen zwar die gleiche Molekülformel, jedoch eine unterschiedliche Verknüpfung der Atome, es handelt sich um *Strukturisomere*.

Skelettformeln dienen zum schnellen Zeichnen von Strukturen. Jeder Knick und jedes Ende entspricht einem C-Atom mit der entsprechenden Anzahl an H-Atomen. Atomsymbole werden nur in funktionellen Gruppen dargestellt.

Name	Halbstruktur- und Skelettformeln
Methanol	$CH_3{-}OH$
Ethanol	$CH_3{-}CH_2{-}OH$
Propan-1-ol	$CH_3{-}CH_2{-}CH_2{-}OH$
Butan-1-ol	$CH_3{-}CH_2{-}CH_2{-}CH_2{-}OH$
⋮	
Nonan-1-ol	$CH_3{-}CH_2{-}CH_2{-}CH_2{-}CH_2{-}CH_2{-}CH_2{-}CH_2{-}CH_2{-}OH$ 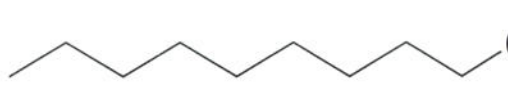 OH
Decan-1-ol	$CH_3{-}CH_2{-}CH_2{-}CH_2{-}CH_2{-}CH_2{-}CH_2{-}CH_2{-}CH_2{-}CH_2{-}OH$ 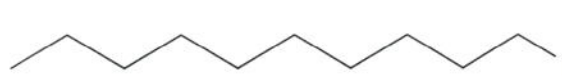 OH

***B2** Homologe Reihe der Alkanole.*
Die Alkylgruppe wird jeweils um eine CH_2-Gruppe verlängert

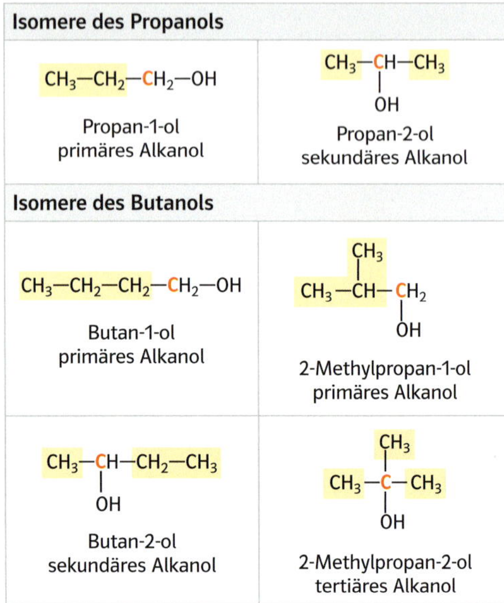

***B3** Halbstrukturformeln der Isomere des Propanols und Butanols*

Die Benennung der Alkanole erfolgt durch Anhängen der Silbe „-ol" an den Namen des entsprechenden Alkans mit gleicher Anzahl von C-Atomen. Vor der Silbe „-ol" steht die Nummer des C-Atoms, das die OH-Gruppe trägt, hier also Propan-1-ol und Propan-2-ol [B3, oben].

Besteht die Alkylgruppe aus mehr als drei Kohlenstoff-Atomen, so können sich die isomeren Moleküle nicht nur durch die Stellung der OH-Gruppe unterscheiden, sondern auch durch eine unterschiedliche Verknüpfung der Kohlenstoff-Atome untereinander. So ergeben sich vier Butanol-Isomere [B3, unten].

Darüberhinaus teilt man Alkanole in drei Typen ein. Ist an das Kohlenstoff-Atom, das die Hydroxygruppe trägt, keine oder eine Alkylgruppe gebunden, so spricht man von einem **primären Alkanol**. Sind zwei Alkylgruppen gebunden, liegt ein **sekundäres Alkanol** und bei drei ein **tertiäres Alkanol** vor [B3].

Die funktionelle Gruppe der Alkohol-Moleküle ist die Hydroxygruppe. Die Alkanole bilden eine homologe Reihe. Man unterscheidet primäre, sekundäre und tertiäre Alkanole.

Mit steigender Anzahl an C-Atomen nimmt die Anzahl der Isomere sehr stark zu. Um die Isomere eindeutig benennen zu können und umgekehrt aus dem Stoffnamen auf die Struktur der Moleküle zu schließen, gibt es, wie bei den Alkanen, eindeutige Nomenklatur-Regeln [B5].

Mehrwertige Alkohole. Prinzipiell kann jedes Kohlenstoff-Atom mit einer OH-Gruppe verbunden sein. Moleküle mit mehr als einer OH-Gruppe an einem C-Atom sind dagegen meist nicht beständig und neigen zur Abspaltung von Wasser (Erlenmeyer-Regel). Je nach Anzahl der OH-Gruppen im Molekül [B4] spricht man von **Diolen** (zwei OH-Gruppen), **Triolen** (drei OH-Gruppen) und allgemein von **Polyolen**.

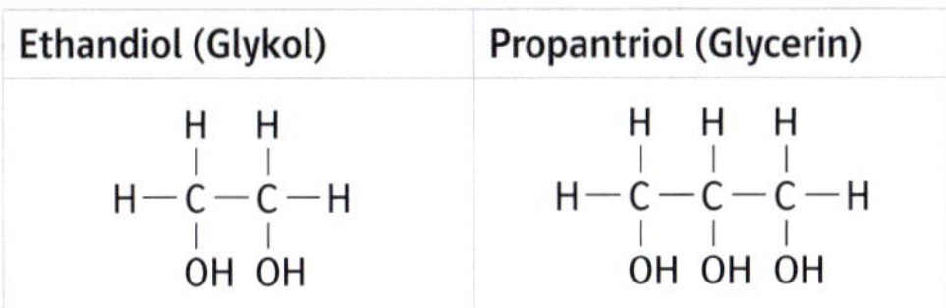

B4 *Mehrwertige Alkohole*

Mehrwertige Alkohole oder Polyole sind Alkohole mit mehr als einer OH-Gruppe im Molekül.

Eigenschaften der Alkohole. Alkohol-Moleküle besitzen eine unpolare Kohlenwasserstoffgruppe, die **London-Kräfte** ausbilden kann, und eine oder mehrere polare OH-Gruppen, die **Wasserstoffbrücken** bilden können [B6]. Je größer die Kohlenwasserstoffgruppe im Molekül ist, desto höher ist die Siedetemperatur und desto geringer ist die Löslichkeit in Wasser. Je mehr Hydroxygruppen im Molekül vorkommen, desto höher ist die Siedetemperatur und desto besser die Wasserlöslichkeit. Wasserstoffbrücken sind auch dafür verantwortlich, dass Alkanole bei wesentlich höheren Temperaturen schmelzen und sieden als Alkane aus Molekülen mit ähnlicher Kettenlänge, Elektronenanzahl und Moleküloberfläche.
Alkohole mit hydrophilen und lipophilen Eigenschaften, z.B. Ethanol und die Propanole, sind bedeutsame Lösungsmittel, da sie sowohl hydrophile als auch lipophile Stoffe lösen können.

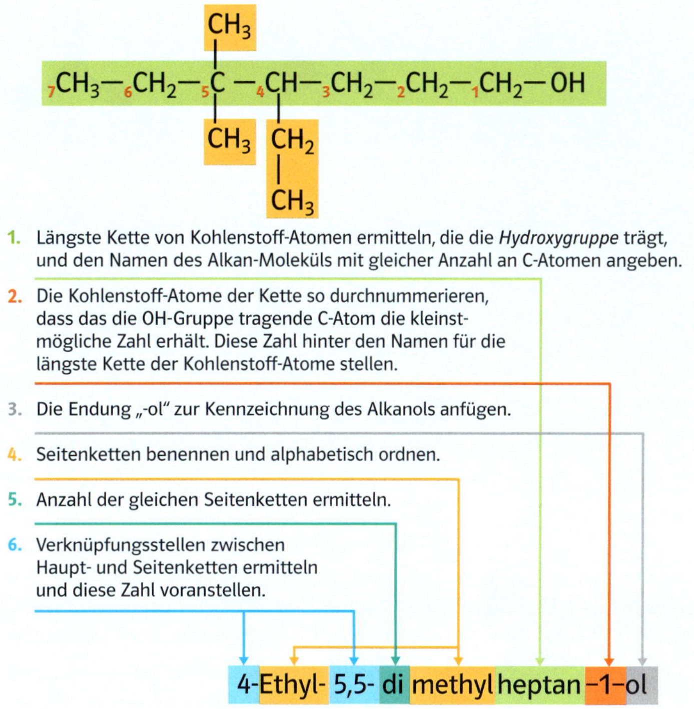

B5 *Regeln für die Benennung eines Alkanols (Nomenklatur-Regeln)*

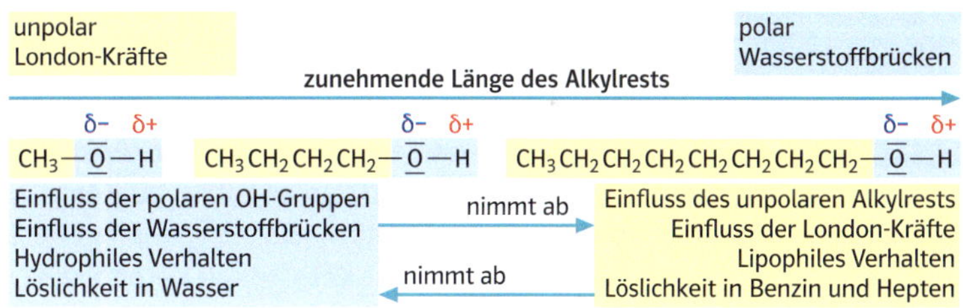

B6 *Hydroxygruppe und Alkylrest bestimmen die Eigenschaften der Alkohole*

Alkohole sind sehr gute Lösungsmittel. Ihre Moleküle enthalten eine polare Hydroxygruppe und eine unpolare Gruppe aus Kohlenstoff- und Wasserstoff-Atomen. Je nach Einfluss der polaren oder unpolaren Gruppe überwiegen die hydrophilen oder lipophilen Eigenschaften des Alkohols.

A1 ◒ Propan-1-ol ist sowohl in Wasser als auch in Heptan löslich. Erkläre diese Beobachtung.

A2 ● Formuliere zu den Halbstrukturformeln aus [B7] sinnvolle Strukturformeln, und ordne sie primären, sekundären oder tertiären Alkanolen zu. Benenne die Verbindungen.

$C_5H_{11}OH$

$C_4H_8OHCH_3$

$CH_3COHCH_3CH_2CH_3$

B7 *Drei Halbstrukturformeln isomerer Pentanole*

18 Aldehyde und Ketone

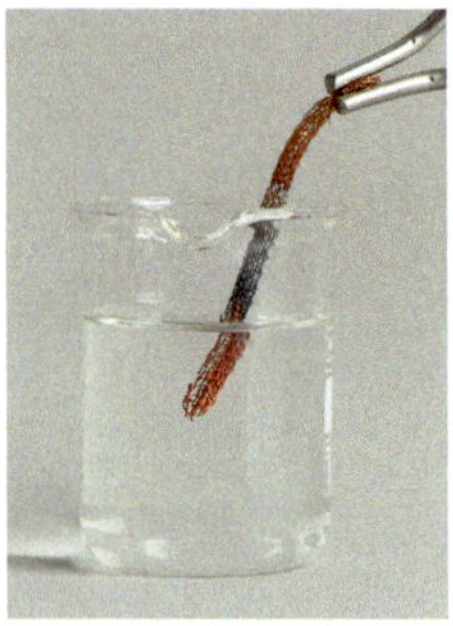

B1 *Oxidation von Ethanol durch Kupferoxid*

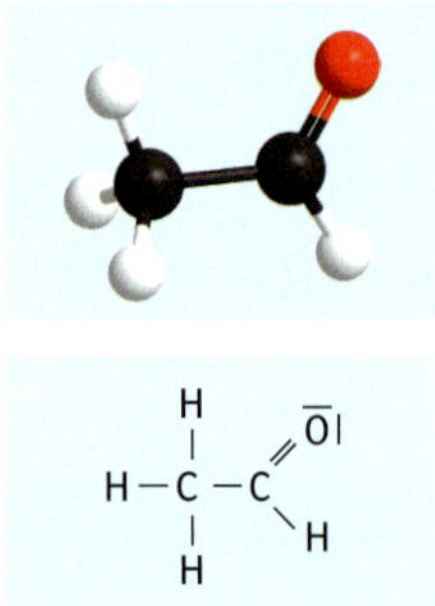

B2 *Ethanal, ein Aldehyd*

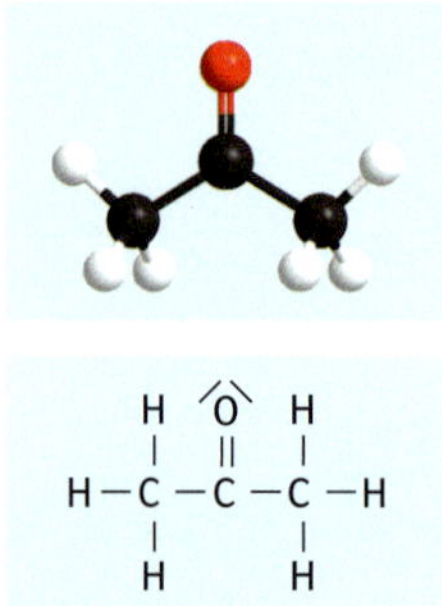

B3 *Propanon, ein Keton*

Oxidation primärer und sekundärer Alkohole. Taucht man ein heißes, durch Kupferoxid an der Oberfläche geschwärztes Kupferblech in Ethanol, so zeigt die Farbänderung, dass das Kupferoxid zu Kupfer reduziert worden ist [B1]. Ethanol muss also oxidiert worden sein. Nicht nur Ethanol, sondern alle primären Alkohole können durch Oxidation bzw. *Dehydrierung* in **Aldehyde** überführt werden. Aldehyde, die aus primären Alkanolen gebildet werden können, heißen mit systematischem Namen **Alkanale.** Ihre Benennung erfolgt durch Anhängen der Silbe „-al" an den entsprechenden Alkannamen. So entsteht z. B. aus Ethanol durch Oxidation Ethanal [B2].

Dehydrierung Abspaltung von Wasserstoff aus einer chemischen Verbindung

Wird der sekundäre Alkohol Propan-2-ol oxidiert bzw. dehydriert, so entsteht ein **Keton**, das Propanon (Aceton) [B3]. Propanon gehört zur Stoffgruppe der **Ketone.** Die Ketone, die sich von sekundären Alkanolen ableiten lassen, werden **Alkanone** genannt. Sie werden durch die Endsilbe „-on" gekennzeichnet.

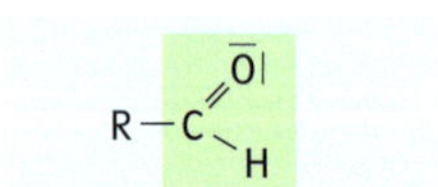

B4 *Strukturformel der Aldehydgruppe*

Die funktionelle Gruppe der Aldehyde ist die **Aldehydgruppe** [B4], die der Ketone die **Carbonylgruppe** [B5]. Ein Blick auf die allgemeine Strukturformel der Aldehyde zeigt, dass hier die **Carbonylgruppe** mit einem Wasserstoff-Atom und einem Alkylrest verbunden ist.

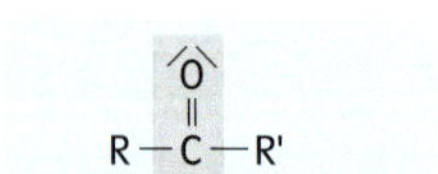

B5 *Strukturformel einer Carbonylgruppe*

Primäre Alkohole (Alkanole) reagieren bei einer Oxidation zu Aldehyden (Alkanalen). Sekundäre Alkohole (Alkanole) kann man zu Ketonen (Alkanonen) oxidieren.

Tertiäre Alkohole lassen sich unter diesen Bedingungen nicht zu Aldehyden oder Ketonen oxidieren bzw. dehydrieren.

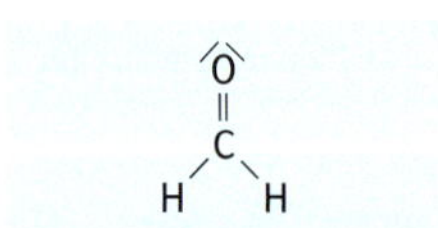

B6 *Formaldehyd*

Aldehyde sind als Duft- und Aromastoffe weit verbreitet. **Formaldehyd** (Methanal) [B6] ist der einfachste Vertreter der Stoffgruppe der Aldehyde. Methanal ist ein stechend riechendes Gas, das sehr gut in Wasser löslich ist. Eine wässrige Lösung mit einem Massenanteil von $w = 35-40\,\%$ Methanal wird **Formalin** genannt. Diese Lösung ist ein hervorragendes Konservierungs- und Desinfektionsmittel. Formalin-Lösung steht im Verdacht, krebserregend zu sein, weshalb Hygieniker auf der Suche nach geeigneten Ersatzstoffen sind.

Acetaldehyd (Ethanal), das bei der Oxidation von Ethanol entsteht, birgt ein ähnliches Gefahrenpotenzial wie Formaldehyd. Deshalb greift man nach Möglichkeit auf Propionaldehyd (Propanal) zurück.

Hexanal kommt in Früchten, z. B. Äpfeln, Birnen bzw. Kirschen vor. Der typische Bittermandel-Geruch basiert auf **Benzaldehyd** [B7, links], in Zimtstangen ist **Zimtaldehyd** [B7, rechts] für den typischen Zimtduft verantwortlich.

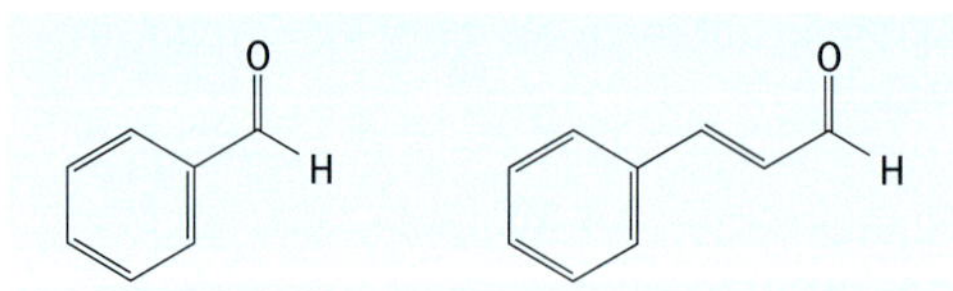

B7 *Benzaldehyd (links) und Zimtaldehyd (rechts)*

Ketone. In der Natur findet man Ketone in Früchten, z. B. das **„Himbeerketon"** [B9]. Aber auch die Sexualhormone **Testosteron** bzw. **Progesteron** und der in vielen Lippenblütlern oder Lorbeergewächsen vorkommende **Campher** sind Ketone.

In der chemischen Industrie ist Aceton (Propanon) [B3] ein wichtiger Ausgangsstoff für viele Synthesen, z. B. für Plexiglas. Aufgrund seiner guten Lösungseigenschaften für Fette und Öle sowie für Harze und Lacke ist Aceton als Lösungsmittel weit verbreitet. So ist es oft auch in Nagellackentfernern enthalten. Aceton ist eine leicht entzündbare Flüssigkeit, die bei Zimmertemperatur leicht verdampft und mit Luft explosive Gemische bildet.

B8 Himbeeren enthalten „Himbeerketon"

Deshalb, und weil die Nägel durch Aceton austrocknen, findet man in den Drogerieabteilungen meistens auch „acetonfreie" Nagellackentferner [B11].

Eigenschaften der Aldeyde und Ketone. Die Eigenschaften von Aldehyden und Ketonen werden wesentlich durch deren **funktionelle Gruppe** bestimmt.
Aufgrund der Elektronegativitätsdifferenz zwischen dem Kohlenstoff- und dem Sauerstoff-Atom ist die Carbonylgruppe stark polar [B10, oben]. Die Siedetemperaturen der Alkanale liegen deutlich über denen der Alkane mit ähnlicher Molekülgröße und Elektronenanzahl, sind jedoch niedriger als die der entsprechenden Alkanole. Dies wird dadurch verständlich, dass zwischen Alkanal-Molekülen zwar **Dipol-Dipol-Kräfte** wirken, jedoch keine Wasserstoffbrücken ausgebildet werden können.

Alkanal-Moleküle besitzen kein positiv polarisiertes Wasserstoff-Atom, das an ein Atom mit einer hohen Elektronegativität, z. B. ein Sauerstoff-Atom, gebunden ist.
Wasser-Moleküle sind dagegen durchaus in der Lage, über ihre positiv polarisierten Wasserstoff-Atome Wasserstoffbrücken zu den Sauerstoff-Atomen der Carbonylgruppen auszubilden [B10, unten]. Deshalb sind Methanal, Ethanal und Propanal in Wasser gut löslich.

Auch Alkanon-Moleküle haben die stark polare Carbonylgruppe mit einem negativ polarisierten Sauerstoff-Atom. Zwischen den Alkanon-Molekülen treten daher nur Dipol-Dipol-Kräfte auf. Wie bei den Alkanalen kommt es aufgrund des Fehlens eines positiv polarisierten Wasserstoff-Atoms im Molekül nicht zur Ausbildung von Wasserstoffbrücken. Propanon und Butanon sind gut in Wasser löslich. Die Wasserlöslichkeit der Pentanone ist gering bzw. nicht vorhanden. Alkanone, deren Moleküle sechs und mehr C-Atome aufweisen, lösen sich nicht mehr in Wasser, da die unpolaren Alkylgruppen in ihren Molekülen hier einen größeren Einfluss haben. Alle Alkanone lösen sich in Benzin.

Aldehyd- und Keton-Moleküle weisen als gemeinsame funktionelle Gruppe die stark polare Carbonylgruppe auf, die die Eigenschaften von Aldehyden und Ketonen bestimmt. Zwischen den Molekülen wirken Dipol-Dipol-Kräfte.

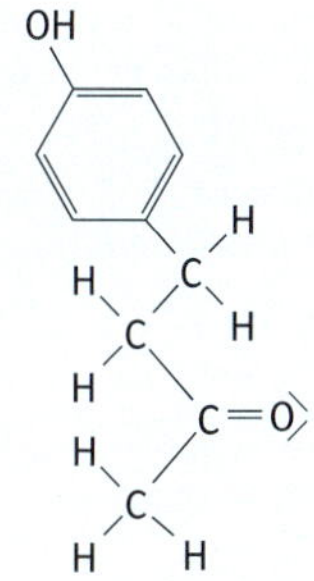

B9 Der systematische Name des Himbeerketons lautet 4-(4-Hydroxyphenyl)-butan-2-on

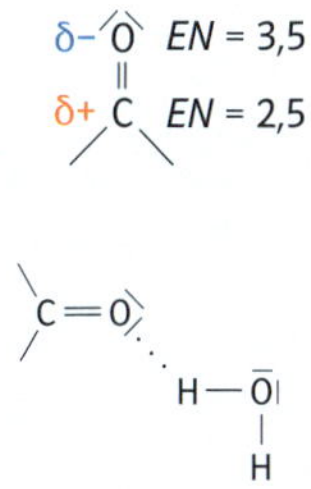

B10 Wasserstoffbrücke zwischen der polaren Carbonylgruppe und einem Wasser-Molekül

A1 ○ Formuliere die Reaktionsgleichungen für die Oxidation von Propan-1-ol und Propan-2-ol mit Kupferoxid. Benenne auch die Reaktionsprodukte.

A2 ○ Beschreibe den Unterschied zwischen der funktionellen Gruppe der Aldehyde und der funktionellen Gruppe der Ketone.

A3 ◒ Ordne die Siedetemperaturen jeweils einem der fünf Stoffe zu und begründe deine Zuordnung.
Siedetemperaturen: −42 °C, 48,8 °C, 56 °C, 82,6 °C, 97 °C
Stoffe: Propan, Propanon, Propan-1-ol, Propan-2-ol, Propanal.

A4 ◒ Aceton ist sowohl in Wasser als auch in Ethanol und Benzin löslich. Erkläre dieses Lösungsverhalten unter Zuhilfenahme der jeweiligen Formeln.

A5 ● Zeichne die Strukturformeln von allen isomeren Pentanonen und benenne sie systematisch.
Tipp: Wie bei den Alkanolen wird die Nummer des C-Atoms, an welches das Sauerstoff-Atom gebunden ist, hinter den entsprechenden Alkannamen geschrieben und dann die Endung -on angehängt, also z. B. Decan-2-on.

A6 ○ Ein Alkanal- oder Alkanon-Molekül hat die Masse 72 u. Ermittle die möglichen Moleküle, gib ihre Strukturformeln und Namen an.

B11 Acetonfreier Nagellackentferner

19 Carbonsäuren und Ester

Name (Trivialname)	Molekülformel	Schmelztemperatur ϑ_{sm} in °C	Siedetemperatur ϑ_{sd} in °C	Namen der Salze
Methansäure (Ameisensäure)	$HCOOH$	8	100	Methanoate (Formiate)
Ethansäure (Essigsäure)	CH_3COOH	16	118	Ethanoate (Acetate)
Propansäure (Propionsäure)	C_2H_5COOH	−22	141	Propanoate (Propionate)
Butansäure (Buttersäure)	C_3H_7COOH	−7	164	Butanoate (Butyrate)
Dodecansäure (Laurinsäure)	$C_{11}H_{23}COOH$	44	225*	Dodecanoate (Laurate)
Hexadecansäure (Palmitinsäure)	$C_{15}H_{31}COOH$	63	269*	Hexadecanoate (Palmitate)
Octadecansäure (Stearinsäure)	$C_{17}H_{35}COOH$	69	287*	Octadecanoate (Stearate)

* bei 133 hPa

***B1** Homologe Reihe der Alkansäuren und ihre Salze*

Eigenschaften der Carbonsäuren. Carbonsäuren bilden mit Metallen und vielen Metalloxiden Salze. Carbonsäuren weisen hohe Schmelz- und Siedetemperaturen auf [B1]. Dies ist auf die starke Polarität der Carboxygruppe zurückzuführen, die neben der polaren C=O-Doppelbindung die ebenfalls polare OH-Einfachbindung enthält.

Zwei Carbonsäure-Moleküle können über Wasserstoffbrücken ein *Dimer* (Doppelmolekül) bilden [B2].

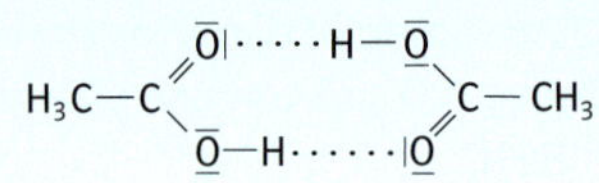

***B2** Ein Essigsäure-Dimer*

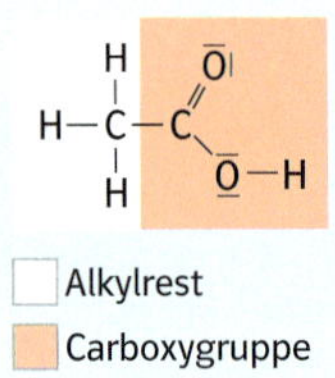

***B3** Strukturformel des Essigsäure-Moleküls*

Carbonsäuren. Alkohole und Aldehyde lassen sich zu Carbonsäuren oxidieren. Die bei der Oxidation von Alkanolen und Alkanalen entstehenden Carbonsäuren sind die **Alkansäuren** [B1]. Die funktionelle Gruppe der Carbonsäuren ist die **Carboxygruppe** -COOH (Carbonylhydroxygruppe, B3).

Verbindungen, deren Moleküle die Carboxygruppe als funktionelle Gruppe enthalten, sind Carbonsäuren.

Die ersten vier Alkansäuren der homologen Reihe sind unbegrenzt in Wasser löslich, da bis zu dieser Kettenlänge der Einfluss der hydrophilen Carboxygruppe den der Alkylgruppe überwiegt. Carbonsäuren bilden mit Wasser saure Lösungen [B4].

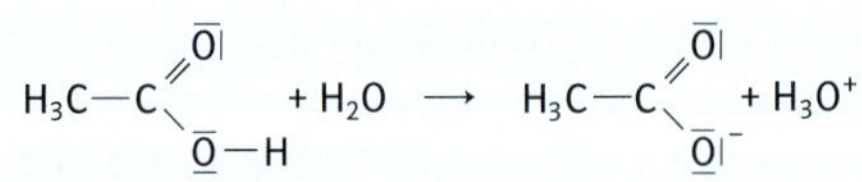

***B4** Reaktion eines Essigsäure-Moleküls mit einem Wasser-Molekül*

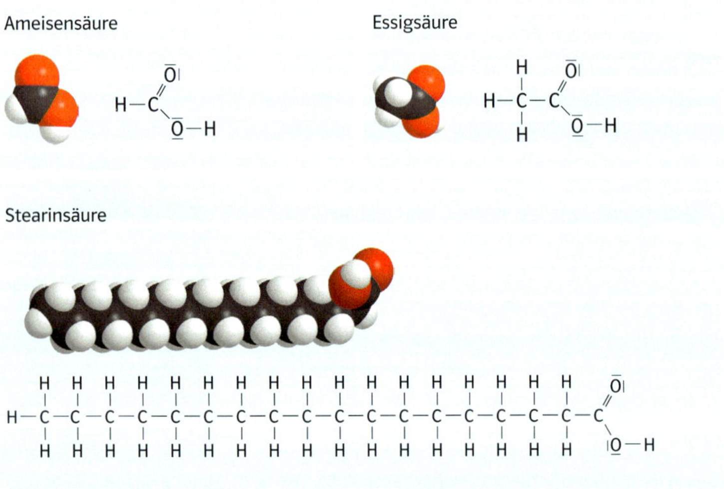

***B5** Einige Alkansäuren mit Strukturformel und Molekülmodell*

Allerdings liegen in verdünnter Essigsäure überwiegend Essigsäure-Moleküle, aber nur wenige Oxonium-Ionen und Acetat-Ionen vor. Die Reaktion der Essigsäure mit Wasser verläuft also unvollständig, da nur ca. 1% der Essigsäure-Moleküle reagieren.

Der Geruch von verdünnter Essigsäure und Essig beruht auf dem Vorhandensein von Essigsäure-Molekülen. Ein geringer Anteil davon tritt aus der Lösung in die Luft über.

Die stark polare Carboxygruppe beeinflusst die Eigenschaften der Carbonsäure-Moleküle und damit die Eigenschaften der Carbonsäuren.

Esterbildung. Essigsäure und Ethanol reagieren zu Essigsäureethylester und Wasser [B6, oben]. Auch andere Alkohole und Carbonsäuren reagieren in einer Kondensationsreaktion zu Estern und Wasser [B6, unten].

Eine Reaktion, bei der sich Moleküle unter Abspaltung von Wasser-Molekülen oder anderen kleinen Molekülen verbinden, heißt Kondensationsreaktion. Säuren reagieren dabei mit Alkoholen zu Estern und Wasser.

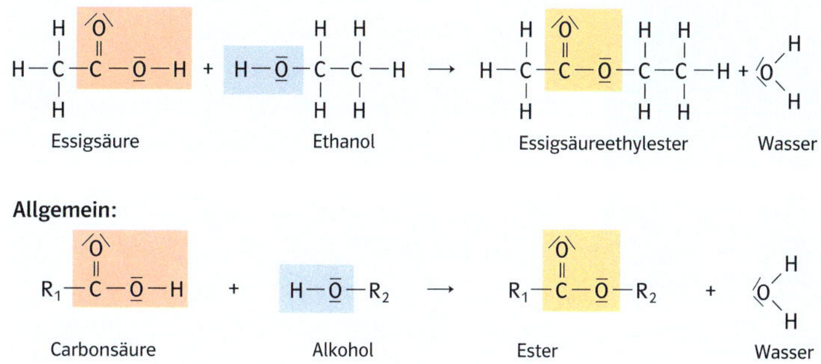

B6 Esterbildung. Oben: Bildung von Essigsäureethylester. Unten: Allgemeines Schema der Esterbildung

Estergruppe. Die funktionelle Gruppe der Ester ist die **Estergruppe**. Alle Ester-Moleküle, die aus Carbonsäuren hergestellt werden, enthalten die funktionelle Gruppe (Carbonsäureestergruppe):

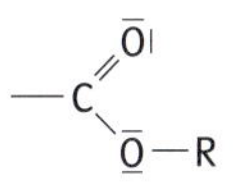

Vereinfachte Schreibweise: –COOR (R bezeichnet hier den Alkylrest des Alkohol-Moleküls).

Nomenklatur. Der Name eines Carbonsäureesters setzt sich wie folgt zusammen:

Name der Säure + Name des Alkylrests des Alkohols + Endung „ester“

Der aus Essigsäure und Ethanol gebildete Ester heißt also Essigsäureethylester [B6] oder Ethansäureethylester. Nach den IUPAC-Regeln werden Carbonsäureester als „Salze“ der Carbonsäuren benannt. Essigsäureethylester bzw. Ethansäureethylester wird auch als Ethylacetat oder Ethylethanoat bezeichnet.

Eigenschaften. Essigsäureethylester ist in Wasser begrenzt löslich (8,5 g in 100 g Wasser), mit Benzin bildet dieser Ester in jedem Verhältnis eine Lösung [B7]. Dies liegt daran, dass der Einfluss der unpolaren Methyl- und Ethylgruppe gegenüber der polaren CO-Gruppe in den Ester-Molekülen überwiegt.

Carbonsäureester lösen sich daher gut in organischen Lösungsmitteln und können selbst als Lösungsmittel für organische Stoffe dienen.
Essigsäureethylester und Essigsäurebutylester sind wichtige Bestandteile vieler Nagellackentferner und Klebstoffe. Essigsäurebutylester ist auch ein Lösungsmittel für viele Lacke.

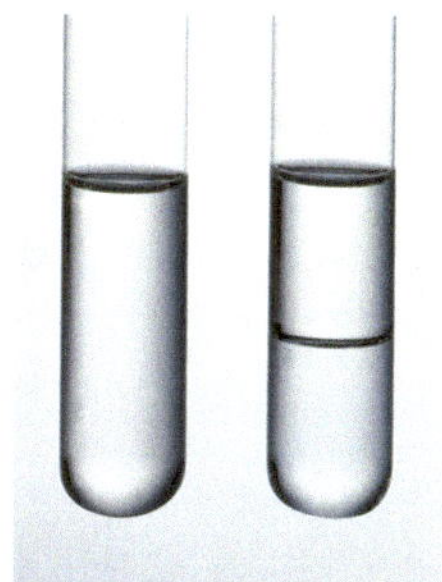

B7 Essigsäureethylester in Benzin (links), in Wasser (rechts)

Da die Ester-Moleküle keine Hydroxygruppen aufweisen, können sie untereinander keine Wasserstoffbrücken bilden. Die Siedetemperaturen der Ester liegen deshalb weit niedriger als die der Alkohole und Carbonsäuren mit Molekülen ähnlicher Kettenlänge und Oberfläche.

Ester, die aus Carbonsäuren und Alkoholen mit jeweils kurzkettigen Molekülen gewonnen werden können, sind leicht flüchtig. Sie haben einen angenehm fruchtartigen oder blumigen Geruch [B8], ganz im Gegensatz zum stechenden Geruch der Carbonsäuren, die an deren Bildung beteiligt sind.

B8 Ester sind Bestandteil des Erdbeeraromas

Ester unterscheiden sich durch die funktionelle Gruppe ihrer Moleküle deutlich in ihren Eigenschaften von den Stoffen, aus denen sie gebildet wurden.

A1 ◒ Erkläre, warum Essigsäure eine höhere Siedetemperatur als Ethanol hat.

A2 ◒ Formuliere für die Reaktion von Magnesium und Kupferoxid mit Essigsäure die Reaktionsgleichungen und benenne die Reaktionsprodukte.

A3 ○ Formuliere für die Reaktion der Essigsäure mit Butan-1-ol die Reaktionsgleichung. Benenne die Produkte.

A4 ◒ Erläutere, warum Ester gute Lösungsmittel für Fette sind.

IUPAC International Union of Pure and Applied Chemistry, deutsch: Internationale Union für reine und angewandte Chemie, kümmert sich z. B. um Fragen der Nomenklatur

20 Zwischenmolekulare Kräfte

B1 *Ein Gecko an einer Glaswand*

B2 *Härchen an der Zehe eines Geckos (elektronenmikroskopische Aufnahme)*

temporär von lat. tempus, Zeit, Zeitabschnitt

induzieren von lat. inducere, hervorrufen

Geckos, kleine echsenartige Tiere, können an glatten Glaswänden flink emporklettern, ohne dass sie dabei den Halt verlieren [B1]. Unter dem Elektronenmikroskop erkennt man auf der Haut einer Geckozehe feinste Härchen [B2]. Zwischen den Molekülen an der Oberfläche dieser Härchen und der Oberfläche des Glases bilden sich schwache zwischenmolekulare und weitere elektrostatische Kräfte aus, die das Haften des Geckos an glatten Oberflächen ermöglichen.

Nähern sich zwei Moleküle, kommt es zu Wechselwirkungen; man bezeichnet diese als **zwischenmolekulare Kräfte**. Je nach Struktur und Polarität der Moleküle sind die Wechselwirkungen unterschiedlich stark, aber deutlich schwächer als chemische Bindungen. Die zwischenmolekularen Kräfte beeinflussen die Eigenschaften der Stoffe.

Van-der-Waals-Kräfte. Der niederländische Physiker JOHANNES D. VAN DER WAALS erkannte im Jahr 1869, dass in einem Atom oder Molekül zufällig eine temporäre (vorübergehende) Verschiebung der Ladung auftreten kann [B3]. Kurzzeitig entsteht dadurch eine positive und eine negative Teilladung (Partialladung). Es tritt also *spontan* ein **temporärer Dipol** auf. Ein temporärer Dipol beeinflusst benachbarte Atome oder Moleküle so, dass in ihnen ebenfalls eine Ladungsverschiebung zustande kommt, d.h., er *induziert* weitere temporäre Dipole [B3]. Aufgrund der unsymmetrischen Ladungsverteilungen ziehen sich die temporären Dipole elektrostatisch an. Diese Wechselwirkungen bezeichnet man als **London-Kräfte**. Sie treten z.B. zwischen Edelgas-Atomen und Alkan-Molekülen auf. Auch die Iod-Moleküle im Molekülgitter von Iod werden durch London-Kräfte zusammengehalten [B4].

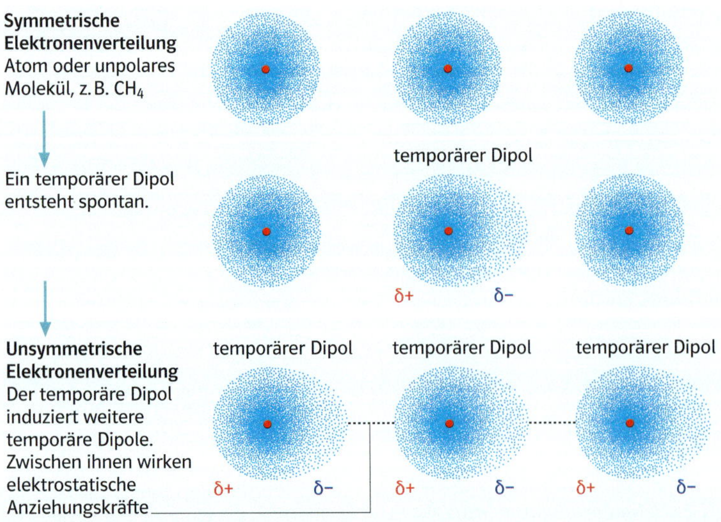

B3 *Entstehung von temporären Dipolen*

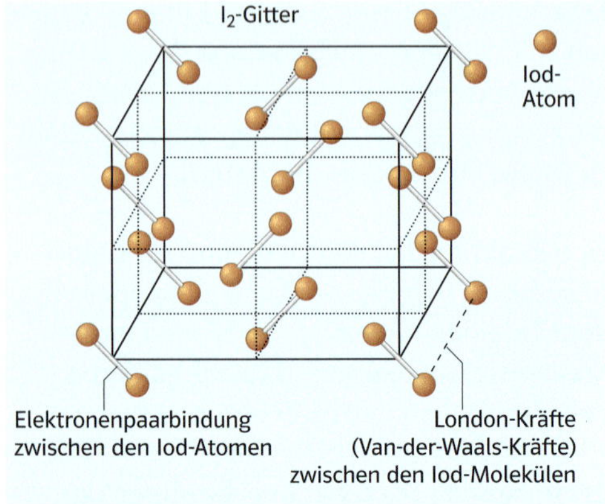

B4 *London-Kräfte im Molekülgitter von Iod (temporäre Dipole)*

In vielen Molekülen bestehen Teilladungen durch Elektronegativitätsunterschiede. Wenn die Teilladungen unsymmetrisch angeordnet sind, liegen **permanente Dipole** vor. Diese ziehen sich ebenfalls elektrostatisch an. Die Wechselwirkungen zwischen permanenten Dipolen bezeichnet man als **Dipol-Dipol-Kräfte**; sie sind stärker als die London-Kräfte. Dipol-Dipol-Kräfte treten z.B. zwischen den Molekülen von Chlormethan (CH_3Cl), Chlorfluorid (ClF), Bromfluorid (BrF) und Dimethylether (CH_3OCH_3) auf [B5].

Zu Ehren ihres Entdeckers bezeichnet man die Kräfte zwischen Dipolen, d.h. sowohl die London-Kräfte als auch die Dipol-Dipol-Kräfte, als **Van-der-Waals-Kräfte**.

Zwischen Molekülen können Wechselwirkungen auftreten. Beruhen sie auf Dipolen, spricht man von Van-der-Waals-Kräften.

Wechselwirkungen zwischen permanenten Dipolen sind meist stärker als zwischen temporären Dipolen.

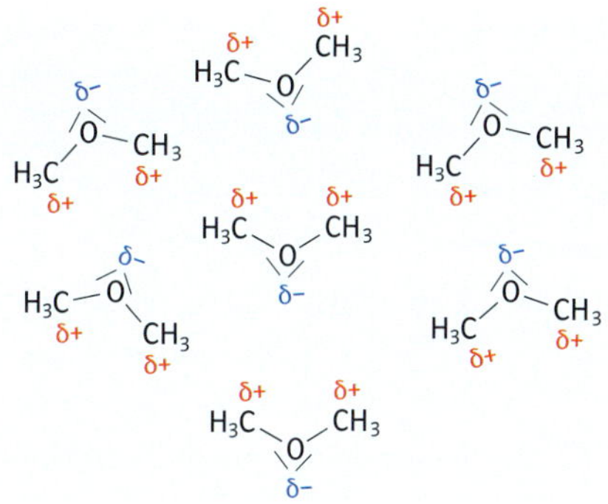

B5 Dipol-Dipol-Kräfte zwischen Dimethylether-Molekülen (permanente Dipole)

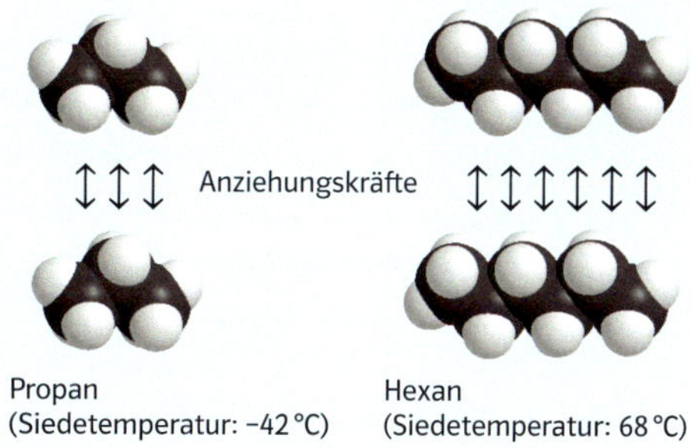

B6 Mit wachsender Länge der Alkan-Moleküle nehmen die London-Kräfte zu

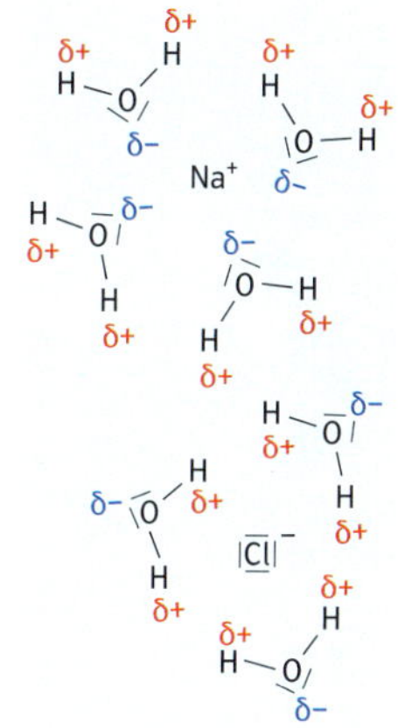

B7 Dipol-Ionen-Kräfte in einer Natriumchlorid-Lösung

Dipol-Ionen-Kräfte. Salze bestehen aus positiv und negativ geladenen Ionen. Diese können mit Dipolen in Wechselwirkung treten, z. B. beim Lösen in Wasser. Die Kationen ziehen dabei die negativ geladene Seite der Wasser-Moleküle an, die Anionen die positiv geladene Seite [B7]. Dadurch bildet sich um jedes Ion in der wässrigen Lösung eine Hülle von Wasser-Molekülen. Diese bezeichnet man als **Hydrathülle**. Die Dipol-Ionen-Kräfte sind stärker als die Dipol-Dipol-Kräfte.

Beim Lösen eines Salzes in Wasser bilden sich Hydrathüllen, die durch Dipol-Ionen-Kräfte zusammengehalten werden.

Wasserstoffbrücken. Sind in einem Molekül Wasserstoff-Atome an Sauerstoff-, Stickstoff- oder Fluor-Atome gebunden, so tragen die Wasserstoff-Atome aufgrund der großen Elektronegativitätsdifferenz besonders große positive Teilladungen. Die Wasserstoff-Atome treten in Wechselwirkung mit den nicht bindenden Elektronenpaaren der Sauerstoff-, Stickstoff- bzw. Fluor-Atome. Dadurch entstehen **Wasserstoffbrücken** [B8, B9]. Diese Wasserstoffbrücken sind meist stärker als Van-der-Waals-Kräfte. Sie sind z. B. für die hohe Siedetemperatur und Oberflächenspannung des Wassers verantwortlich.

Moleküle mit O—H-, N—H- oder F—H-Bindungen bilden starke Wasserstoffbrücken.

Siedetemperaturen der Alkane. Beim Verdampfen eines Stoffes werden die einzelnen Moleküle voneinander getrennt, d. h., die zwischenmolekularen Kräfte müssen durch Energiezufuhr überwunden werden. Je stärker die zwischenmolekularen Kräfte sind, desto mehr Energie wird zum Verdampfen eines Stoffes benötigt und desto höher ist folglich die Siedetemperatur.
In Alkanen liegen temporäre Dipole vor. Je größer die *Kontaktfläche* zwischen den Molekülen ist, desto stärker sind die London-Kräfte [B6].
Bei den Alkanen besteht deshalb ein Zusammenhang zwischen der Länge der Moleküle und der Siedetemperatur: Die Siedetemperatur des Propans (C_3H_8) ist mit −42 °C ziemlich niedrig. Die Moleküle des Hexans (C_6H_{14}) sind etwa doppelt so lang; seine Siedetemperatur liegt mit 68 °C viel höher. Die Siedetemperatur des Octans (C_8H_{18}) liegt mit 125 °C sogar höher als die Siedetemperatur des Wassers. Die London-Kräfte zwischen den Octan-Molekülen sind also stärker als die Wasserstoffbrücken zwischen den Wasser-Molekülen.

Die Siedetemperatur eines Stoffes ist abhängig von der Stärke der zwischenmolekularen Kräfte.

A1 Ordne die dir bekannten zwischenmolekularen Kräfte nach ihrer Stärke und gib jeweils ein Beispiel für einen Stoff mit den entsprechenden zwischenmolekularen Kräften an.

A2 Entscheide mithilfe von B8 und B9, ob sich zwischen Fluorwasserstoff- und Wasser-Molekülen Wasserstoffbrücken ausbilden können. Begründe deine Entscheidung anhand einer Zeichnung.

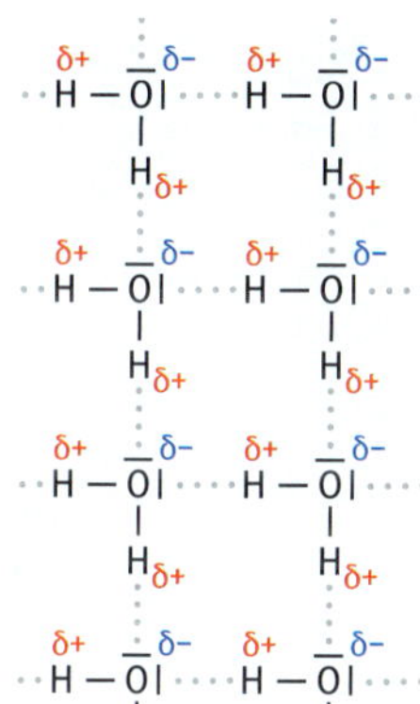

B8 Wasserstoffbrücken zwischen Wasser-Molekülen

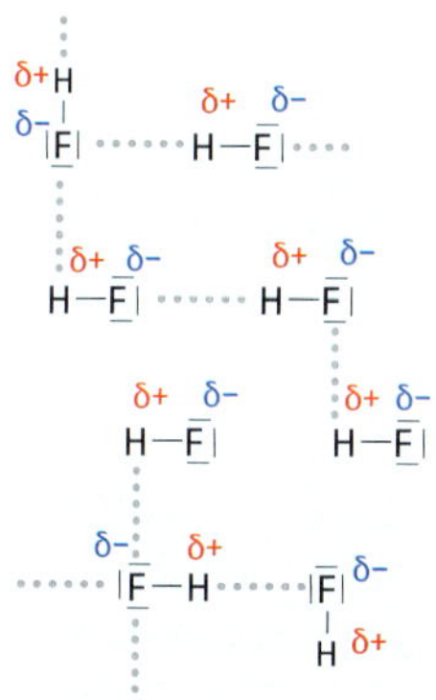

B9 Wasserstoffbrücken zwischen Fluorwasserstoff-Molekülen

21 Biomoleküle

B1 *Butter besteht zu 80 % aus Fett*

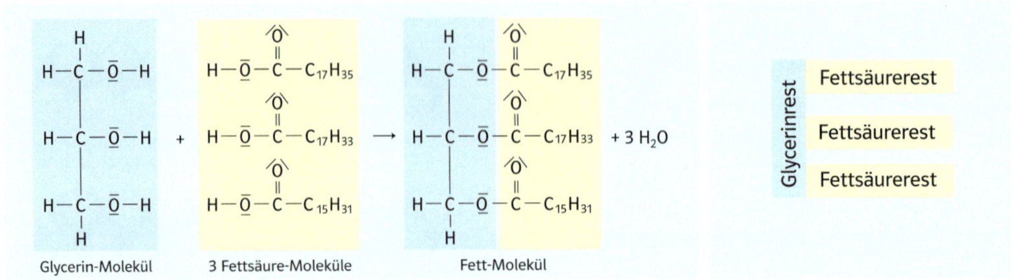

B2 *Aufbau eines Fett-Moleküls. Rechts: Allgemeines Aufbauschema*

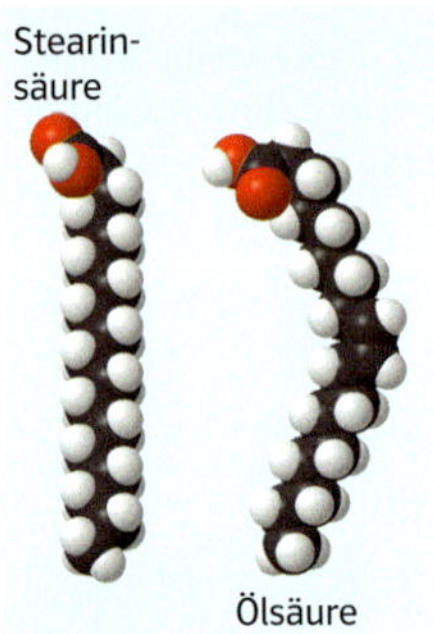

B3 *Molekülmodelle zweier Fettsäuren*

Öle sind Fette, die bei Zimmertemperatur flüssig sind.

Fette. Fette sind **Fettsäure-Glycerin-Ester**. In Fett-Molekülen ist ein Glycerin-Molekül meist mit zwei oder drei verschiedenen Fettsäure-Molekülen verestert [B2]. Durch eine Reaktion mit Wasserdampf lassen sich Fette in Glycerin (Propantriol) und **Fettsäuren** zerlegen (Esterspaltung). Fette sind keine Reinstoffe, sondern Gemische verschiedener Glycerinester. Bei den Fettsäuren [B3] handelt es sich sowohl um gesättigte als auch um einfach oder mehrfach ungesättigte Fettsäuren, deren Moleküle eine oder mehrere C=C-Doppelbindungen enthalten.
Aus der Zahl der gesättigten und ungesättigten Fettsäuren, ihren Kombinationsmöglichkeiten und dem Mischungsverhältnis der verschiedenen Fett-Moleküle ergibt sich eine Vielzahl verschiedener Fette [B4].

	Name	tierische Fette		pflanzliche Fette			
Fett-säuren	Molekül-formel	Butter-fett	Schweine-fett	Kokos-fett	Oliven-öl	Sonnen-blumenöl	Leinöl
gesättigte	Buttersäure C_3H_7COOH	3	–	–	–	–	–
	Laurinsäure $C_{11}H_{23}COOH$	3	–	48	–	–	–
	Myristinsäure $C_{13}H_{27}COOH$	9	2	15	2	–	–
	Palmitinsäure $C_{15}H_{31}COOH$	24	27	9	15	5	7
	Stearinsäure $C_{17}H_{35}COOH$	13	14	3	2	2	3
ungesättigte	Ölsäure $C_{17}H_{33}COOH$	30	45	6	71	27	18
	Linolsäure $C_{17}H_{31}COOH$	2	8	2	8	65	14
	Linolensäure $C_{17}H_{29}COOH$	1	–	–	–	–	58

B4 *Massenanteile einiger Fettsäuren in Fetten*

Daher besitzt jede Pflanzen- oder Tierart bestimmte, arteigene Fette. Für den Körper sind Fette eine wichtige Energiequelle. Sie sind in vielen Lebensmitteln enthalten, nicht nur als sichtbares Fett in Butter, Margarine oder Öl, sondern auch als verstecktes Fett, z. B. in Käse, Wurst, Chips, Erdnüssen und Schokolade. Beim Abbau der Fette wird mehr als doppelt so viel Energie abgegeben als bei einer Kohlenhydrat- oder Eiweißportion gleicher Masse. Fette sind also wichtige Energiespender.

Fette sind Glycerinester. Die Vielfalt der Fette beruht auf der Kombination des Glycerins mit den unterschiedlichen gesättigten und ungesättigten Fettsäuren.

Kohlenhydrate. Traubenzucker und Fruchtzucker in Früchten [B5], Lignin und Cellulose in Zellwänden von Pflanzen, Stärke in Getreidekörnern – sie alle gehören zu den **Kohlenhydraten**. Kohlenhydrate machen mehr als 50 % der Biomasse der Erde aus.
Die Bezeichnung Kohlenhydrate steht im Zusammenhang mit der allgemeinen Molekülformel $C_n(H_2O)_m$, nach der es sich formal um Hydrate des Kohlenstoffs handelt.
Kohlenhydrate werden von Fotosynthese treibenden Pflanzen aufgebaut. Den Menschen und Tieren dienen Kohlenhydrate als wichtige Nährstoffe und Energielieferanten.

Glucose (Traubenzucker) ist ein kristalliner, farbloser sehr gut wasserlöslicher Feststoff. Das offenkettige Molekül mit der Molekülformel $C_6H_{12}O_6$ weist fünf Hydroxygruppen und eine Aldehydgruppe auf [B6]. Glucose wird deshalb auch als **Aldehydzucker** (Aldose) bezeichnet.

B5 *Weintrauben enthalten bis zu 8 % Traubenzucker (Glucose)*

Fructose (Fruchtzucker) weist ebenfalls die Molekülformel $C_6H_{12}O_6$ auf. Das Molekül trägt in der offenkettigen Form eine **Ketogruppe** (Carbonylgruppe) am zweiten Kohlenstoff-Atom [B7]. Fructose wird deshalb als **Ketozucker** (Ketose) bezeichnet.
Zusammen mit Glucose kommt Fructose in vielen süßen Früchten und im Honig vor. Bei Haushaltszucker, der häufig zum Süßen von Speisen verwendet wird, handelt es sich um **Saccharose**. Saccharose ist ein *Disaccharid*, welches aus einer Glucose- und einer Fructoseeinheit aufgebaut ist. Glucose und Fructose gehören zu den *Monosacchariden*.

Kohlenhydrate sind wichtige Nährstoffe und Energielieferanten. Ihre Moleküle weisen mehrere Hydroxygruppen und meist eine Aldehyd- oder Ketogruppe auf.

Aminosäuren und Proteine. Proteine, auch Eiweiße genannt, werden aus einzelnen Aminosäuren aufgebaut. Sie gelten als die wichtigsten Baustoffe des Körpers. Haare, Knochen und auch Muskeln bestehen zum Teil aus Proteinen. Viele Proteine wirken auch als Biokatalysatoren.

Aminosäuren enthalten neben einer Carboxygruppe auch mindestens eine **Aminogruppe**. Dabei ist eine NH_2-Gruppe jeweils an das C-Atom gebunden, das der Carboxygruppe benachbart ist. Dieses C-Atom wird auch α-C-Atom genannt [B9], und die entsprechenden Aminosäuren heißen α-Aminosäuren bzw. mit systematischem Namen 2-Aminosäuren. Aufgrund ihrer zwei funktionellen Gruppen sind Aminosäuren *bifunktionell*.

Proteine sind polymere Verbindungen aus Aminosäuren. Bei der Proteinsynthese werden die Aminosäuren durch Peptidbindungen miteinander verknüpft. Dabei reagiert jeweils die α-Aminogruppe des einen Aminosäure-Moleküls mit der Carboxygruppe eines anderen Aminosäure-Moleküls [B8], wobei unter Abspaltung eines Wasser-Moleküls eine **Peptidbindung** entsteht. Es handelt sich um eine *Kondensationsreaktion*.

Proteine sind polymere Verbindungen aus Aminosäuren.

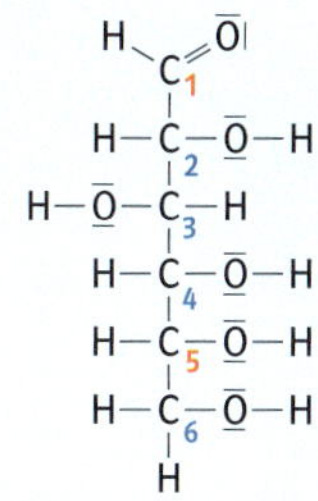

B6 *Glucose-Molekül, offenkettige Form*

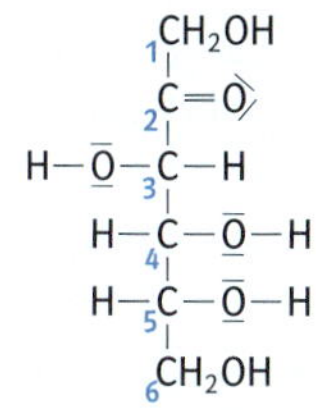

B7 *Fructose-Molekül, offenkettige Form*

Peptide Aminosäure-Polymere werden als Peptide bezeichnet. Bei mehr als 10 Aminosäuren spricht man von Polypeptiden. Bei mehr als 100 Aminosäuren bezeichnet man diese Moleküle als Proteine.

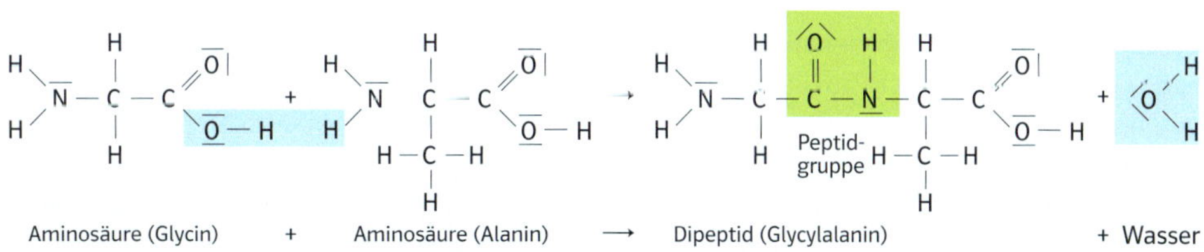

B8 *Formale Bildung eines Dipeptids unter Wasserabspaltung*

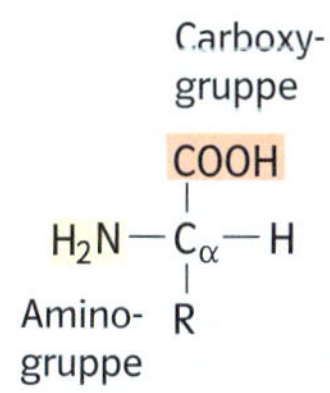

B9 *Allgemeine Strukturformel der Aminosäuren*

A1 ◒ Erläutere, welche wesentlichen Unterschiede in ihrer Zusammensetzung feste Fette bei Zimmertemperatur gegenüber flüssigen Ölen aufweisen?

A2 ◒ Zeichne die Halbstrukturformel eines Fett-Moleküls, das zwei Buttersäurereste und in der Mitte einen Ölsäurerest enthält.

A3 ○ Beschreibe mithilfe von [B6] und [B7] die Gemeinsamkeiten und Unterschiede der offenkettigen Moleküle von Glucose und Fructose.

A4 ● Vergleiche die Kondensationsreaktion, die zu einer Peptidbindung führt [B8] mit der Bildung einer Esterbindung. Suche nach Gemeinsamkeiten und Unterschieden.

22 Umweltaspekte

B1 *Aktiver Vulkan, Ätna, Sizilien*

B2 *Smog über einer Großstadt*

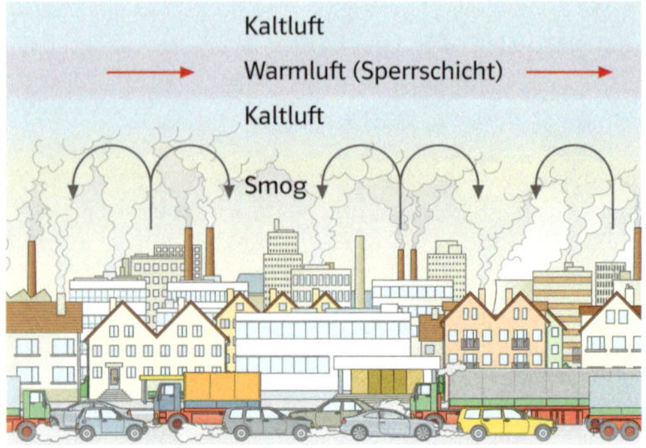

B3 *Smogbildung durch Inversionswetterlage*

Smog (von engl. smoke, Rauch und fog, Nebel)

Inversionswetterlage (von lat. inversus, umgekehrt)

Atmosphäre ist die gasförmige Hülle der Erdoberfläche.

Luftverschmutzung. Vulkanausbrüche [B1], Sandstürme oder auch Pflanzenpollen können die Luft verschmutzen. Am stärksten aber verändert der Mensch die Zusammensetzung der Luft. Die Luft enthält dadurch einige Gase in nur sehr geringen Konzentrationen, deren Wirkungen aber zum Teil erheblich sind.

Da alle Brennstoffe einen geringen Anteil an Schwefel-Verbindungen enthalten, bildet sich das giftige Gas **Schwefeldioxid** bei deren Verbrennung. Es reizt die Schleimhäute und schädigt die Atmungsorgane. In der feuchten Luft entstehen daraus Lösungen, die den Regen sauer machen. Durch diesen **sauren Regen** werden Gesteine, die Kalk enthalten, zerstört [B4]. Eisen rostet schneller. Außerdem wird Schwefeldioxid für Waldschäden mitverantwortlich gemacht.
Viele Verbrennungen laufen bei hohen Temperaturen ab. Dabei reagieren Stickstoff und Sauerstoff der Luft miteinander zu **Stickstoffdioxid** und weiteren Stickstoffoxiden. Diese haben ähnliche Schadwirkungen wie Schwefeldioxid. Sie tragen ebenfalls zum sauren Regen bei. Zudem ist Stickstoffdioxid an der Erzeugung des in den unteren Luftschichten sehr schädlichen Ozons beteiligt. **Ozon** ist ein giftiges Gas, das Augen und Schleimhäute reizt. Es verursacht Husten und Kopfschmerzen. Menschen mit Atemwegserkrankungen müssen bei erhöhten Ozonwerten den Aufenthalt im Freien meiden.

In der Luft befinden sich auch *Schwebstoffe*, die z. B. beim Betrieb von Dieselfahrzeugen, beim Bremsen und beim Reifenabrieb entstehen.

B4 *Schäden durch sauren Regen an einer Skulptur (oben: 1900, unten: 1985)*

Man bezeichnet sie als **Feinstäube**. Diese schädigen die Atmungsorgane. Sie können sogar, wenn sie fein genug sind, durch die Lungenbläschen ins Blut gelangen und so als Gifte wirken. Schädliche Stoffe in der Luft werden in der Regel durch den Wind weiträumig verteilt. Bei ungünstigen Wetterlagen ist diese Verteilung eingeschränkt.

Die Temperatur nimmt normalerweise vom Boden zu höheren Luftschichten ab. Warme Abgase können so nach oben steigen und sich verteilen, da wärmere Gase eine geringere Dichte haben als kältere. Bei einer Inversionswetterlage liegt jedoch eine warme Luftschicht wie eine Sperrschicht über einer kalten Luftschicht [B3]. Bei einer dann nur geringen Luftbewegung bildet sich, besonders über Städten und Industrieregionen, eine Glocke aus Dunst, Staub und schädlichen Gasen. Diese Mischung wird als **Smog** bezeichnet. Smog ist gefährlich für Menschen, die an Herz- oder Kreislauferkrankungen leiden, Menschen mit Atemwegsbeschwerden, alte Menschen und Kleinkinder.

Die Luft wird vor allem durch Abgase und Feinstaub aus Verbrennungen verschmutzt. Smog bezeichnet eine starke Luftverschmutzung, die in einem begrenzten Gebiet und bei ungünstigen Wetterlagen auftritt.

Der natürliche Treibhauseffekt. Für das Klima der Erde verantwortlich ist die Energie der Sonne, die in Form von Strahlung die Erde erreicht und vom Erdboden und der Atmosphäre absorbiert wird. Die aufgenommene Energie strahlt die Erde wieder in den Weltraum ab.

Dabei ist die ausgestrahlte Energie gleich der eingestrahlten Energie, sonst würde die Erde ständig wärmer. Die Strahlung, die die Erdoberfläche aufnimmt, wird von ihr als Wärmestrahlung wieder abgegeben [B5]. Die Abgabe in den Weltraum wird durch einige Luftbestandteile verzögert, z. B. durch Wasserdampf, Kohlenstoffdioxid, Methan und Ozon. Diese Gase sind zwar in der Atmosphäre nur zu einem geringen Anteil vorhanden (Spurengase), sie absorbieren jedoch einen Teil der von der Erde abgegebenen Wärmestrahlung. Die Atmosphäre ist also wärmer, als sie ohne diese Stoffe wäre.
Die Gase in der Atmosphäre wirken wie das Glasdach eines Gewächshauses, das die vom Boden und den Pflanzen abgegebene Wärmestrahlung zurückhält [B5]. Man nennt daher die zusätzliche Erwärmung der Atmosphäre den **Treibhauseffekt**. Die danach benannten **Treibhausgase** sind in unterschiedlichem Maße an dieser Erwärmung beteiligt. Ohne den natürlichen Treibhauseffekt läge die mittlere Temperatur auf der Erdoberfläche bei ca. –18 °C und nicht bei der heute herrschenden mittleren Temperatur von ca. +15 °C. Der durch den Treibhauseffekt hervorgerufene Temperaturunterschied in der Atmosphäre beträgt also ca. 33 °C.

Der anthropogene Treibhauseffekt. Gase, die sich auf den Treibhauseffekt auswirken, werden auch durch menschliche Aktivitäten erzeugt.

Seit der Industrialisierung im 19. Jahrhundert hat die Konzentration von Kohlenstoffdioxid und anderer Treibhausgase z. B. durch Verbrennen von Kohlenstoff-Verbindungen in der Atmosphäre ständig zugenommen. Die mittlere Konzentration des Spurengases Ozon hat sich in der Atmosphäre über Europa in den vergangenen 100 Jahren verdreifacht und wächst derzeit auf der Nordhalbkugel jährlich um etwa 1 %. Verantwortlich für die Zunahme der Konzentrationen der Treibhausgase sind zu 50 % die Energieerzeugung durch die Verbrennung von Kohle, Erdöl und Erdgas. 20 % trägt die Industrie, 30 % die Landwirtschaft bei. So erzeugen der Nassreisanbau und die Rinderhaltung das Treibhausgas Methan, auch die Stickstoffdüngung und die Rodung der Tropenwälder haben Einfluss auf den Treibhauseffekt [B6].

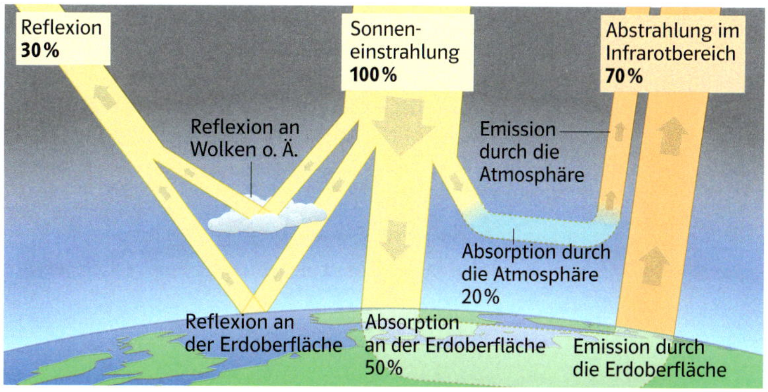

B5 *Strahlungs- und Energiebilanz der Erde*

Spurengas		Volumenkonzentration		Beitrag zum natürlichen Treibhauseffekt
		vor 1750	2019	
Wasserdampf	H_2O	2 bis 3 %	2 bis 3 %	60 %
Kohlenstoffdioxid	CO_2	0,028 %	0,041 %	26 %
Methan	CH_4	0,000 07 %	0,000 19 %	3 %
Distickstoffmonooxid	N_2O	0,000 027 %	0,000 032 %	4 %
Ozon	O_3	0,000 002 5 %	0,000 003 4 %	7 %

B6 *Spurengase in der Atmosphäre und ihr Beitrag zum Treibhauseffekt*

Der Mensch verstärkt den natürlichen Treibhauseffekt durch Freisetzen von Treibhausgasen. Dadurch erwärmt sich die Erde stärker.

A1 Stelle die Gefahren, die von Schwefeldioxid, Stickstoffdioxid, Ozon und Feinstaub ausgehen, in Stichworten in einer Tabelle zusammen.

A2 Gib den durch den Treibhauseffekt hervorgerufenen Temperaturunterschied an.

A3 Erläutere, warum durch den zunehmenden Verzehr von Rindfleisch der anthropogene Treibhauseffekt verstärkt werden kann.

anthropogen vom Menschen verursacht

Name: **Ozon**
von griech. ozein, nach etwas riechen

Formel:
O_3

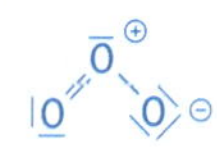

Methan ist ein brennbares Gas und als Treibhausgas 25-mal so wirksam wie Kohlenstoffdioxid. Ein ausgewachsenes Rind kann bis zu 400 l Methan am Tag abgeben.

23 Energieträger und Rohstoffe

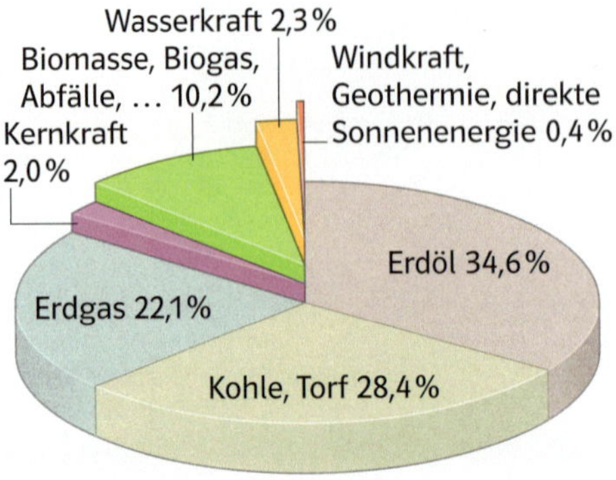

B1 *Energieversorgung (Welt) nach Energieträgern*

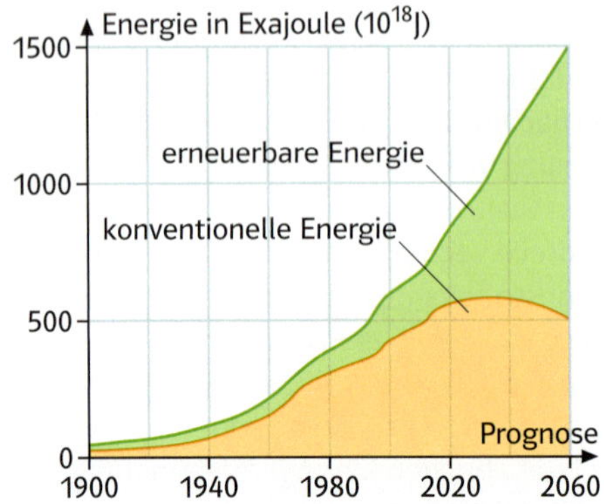

B2 *Prognose des gesamten Weltenergiebedarfs*

B3 *Ölpflanzen: Ölpalme (oben), Raps (unten)*

Energiegewinnung heute und in Zukunft. Etwa 85 % der weltweit benötigten Energie gewinnt die Menschheit durch das Verbrennen fossiler Energieträger wie Erdöl, Erdgas und Kohle [B1, B2].
Die **fossilen Energieträger** sind vor Millionen von Jahren entstanden und können innerhalb eines Menschenlebens nicht nachwachsen oder hergestellt werden [B4].

Erdöl und Erdgas bestehen größtenteils aus einem Gemisch von Kohlenwasserstoffen. Wenn man diese Energieträger bzw. die daraus hergestellten Produkte wie z. B. Benzin und Heizöl verbrennt, entsteht u. a. Kohlenstoffdioxid. Der steigende Anteil von Kohlenstoffdioxid in der Atmosphäre verursacht die Erderwärmung mit ihren schwer einschätzbaren Folgen. Außerdem sind Erdöl und Erdgas wichtige Rohstoffe für bedeutende Produkte der chemischen Industrie, z. B. Waschmittel, Pharmazeutika, Farbstoffe.-

Fossile Energieträger sind zu schade zum Verbrennen, sie werden als Rohstoffe benötigt.

Alternativen zu fossilen Brennstoffen sind **regenerative (erneuerbare) Energiequellen** und nachwachsende Rohstoffe (Biomasse, B3). Regenerative Energiequellen sind Windenergie, Geothermie oder Sonnenenergie [B5].
Als nachwachsende Rohstoffe bezeichnet man Stoffe, die innerhalb eines Menschenlebens wieder nachwachsen können. Beim Verbrennen von nachwachsenden Rohstoffen, z. B. in einer Biogasanlage [B6], wird auch Kohlenstoffdioxid ausgestoßen, jedoch kann dieses durch die nachwachsenden Pflanzen zeitnah wieder in Biomasse umgesetzt werden.
Allerdings gibt es auch beim Nutzen nachwachsender Rohstoffe kritische Aspekte wie z. B. den Anbau von Monokulturen oder den Einsatz von Pestiziden oder den großflächigen (Land verbrauchenden) Anbau von Energiepflanzen.

	Fossile Brennstoffe	**Brennstoffe aus erneuerbaren Rohstoffen**	**Brennstoffe aus nachwachsenden Rohstoffen**
Beispiele	Kohle Erdöl Erdgas	Wasserstoff aus Solar-Wasserstoffanlagen	Pflanzenöl Biodiesel Biogas Bioethanol Holzhackschnitzel Holzpellets
Entstehungszeitraum	Millionen von Jahren	Kann in einem Menschenleben hergestellt werden und/oder nachwachsen	

B4 *Fossile Brennstoffe und alternative Brennstoffe*

Energiequellen und Art der Nutzung		Standort-voraussetzungen	Vorteile	Nachteile
Laufwasserkraftwerke (Wasser): nutzen das strömende Wasser des Flusses	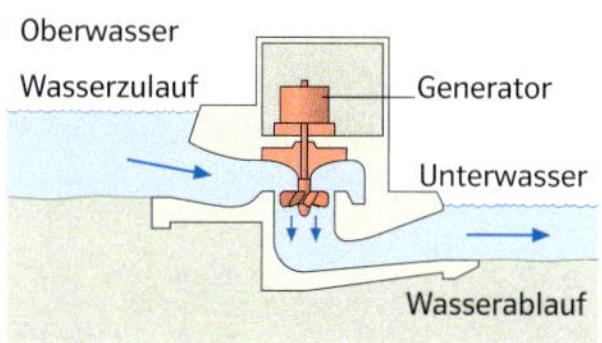	genügend Gefälle, ausreichende Wassermenge	niedrige Fallhöhe des Wassers ist ausreichend	Probleme durch schwankende Wasserhöhen sind möglich
Speicherkraftwerke (Wasser): nutzen die Energie von aufgestautem Wasser, z. B. bei Talsperren	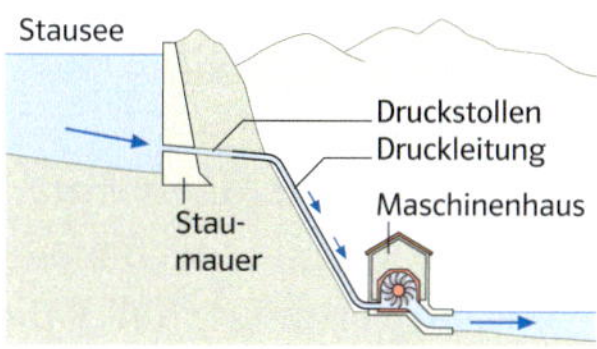	geeignete Geländeformen: Höhenunterschiede	kurzfristige Abgabe großer Energiemengen für Spitzenbedarf ist möglich	der Bau ist ein großer Eingriff in die Landschaft, möglicher Wassermangel bei Trockenzeiten
Gezeitenkraftwerke (Wasser): in engen Meeresbuchten nutzen die Wasserströmung beim Steigen und Fallen des Wassers (Ebbe und Flut)	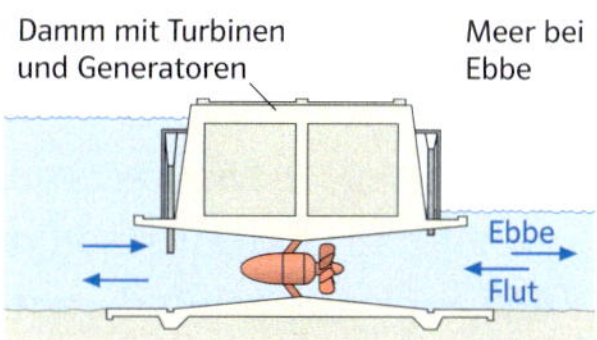	hoher Tidenhub, geeignete Buchten oder Flussmündungen	Großanlagen möglich	Energie nur zeitweise verfügbar, technisch aufwendig, hoher Verschleiß durch Salzwasser
Sonnenkollektoren (Sonne): die Sonnenenergie erhitzt Wasser und Kollektoren, z. B. für Warmwasser zum Duschen	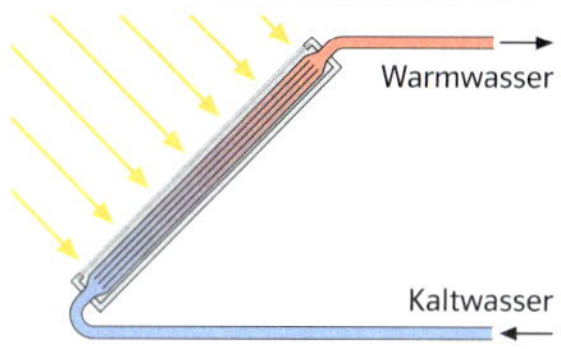	hohe Sonnenscheindauer, in den Tropen und Subtropen besonders gut geeignet	unerschöpflich, wichtig in Gebieten, die nicht an die Stromversorgung angeschlossen sind	Energie nicht immer verfügbar, Stromerzeugung technisch sehr aufwendig, großer Flächenbedarf bei Großanlagen
Solarzellen (Sonne): direkte Umwandlung von Licht in elektrische Energie („Fotovoltaik“)	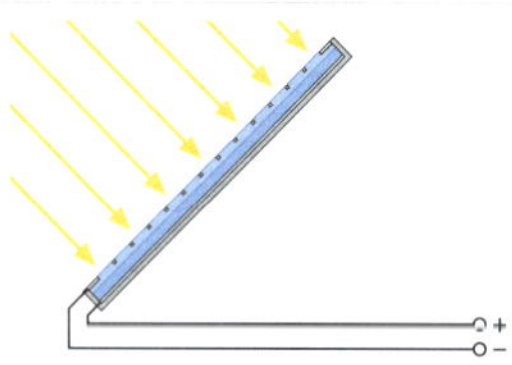			
Windenergie: Windrad (Rotor) treibt einen Generator zur Stromerzeugung an	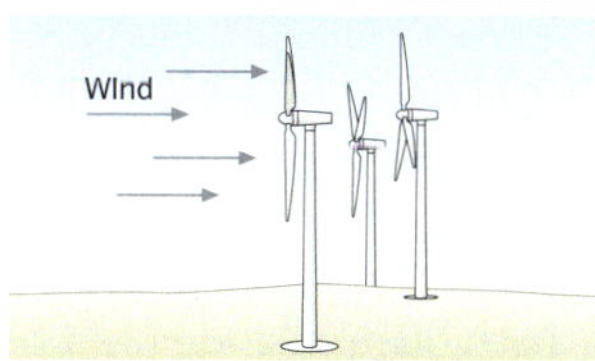	gleichmäßig starke Winde (Küsten, Ebenen, Berggipfel)	unerschöpflich, wichtig in Gebieten, die nicht an die Stromversorgung angeschlossen sind	nicht immer verfügbar, geringe Leistung, große Windanlagen beeinträchtigen das Landschaftsbild („Verspargelung“)
Geothermiekraftwerke: Nutzung der thermischen Energie im Erdinneren (Heißdampf, Heißwasser) für Heizung oder Stromerzeugung	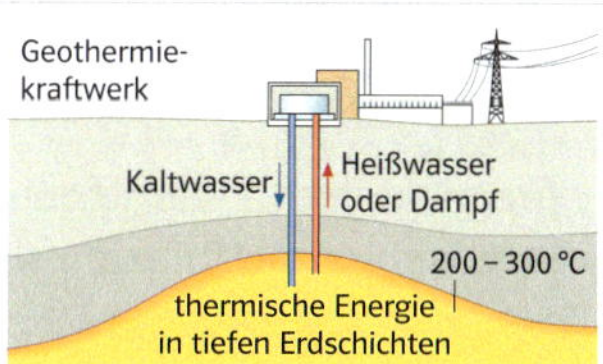	Vulkangebiete, Schwächezonen der Erdkruste (z. B. Norditalien, Kalifornien, Island)	gleichmäßige Energieabgabe	günstige Standorte schwer vorhersagbar bzw. ermittelbar

***B5** Erneuerbare Energiequellen*

***B6** Biogasanlage*

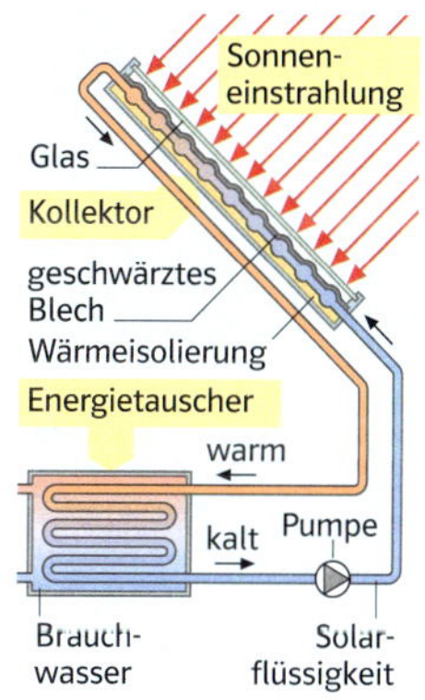

***B7** Sonnenkollektoren unterstützen die Warmwasserversorgung*

A1 Erörtere die Risiken, die mit der Nutzung fossiler Brennstoffe einhergehen.

A2 Erläutere Probleme, die sich aus der Nutzung alternativer Energiequellen ergeben

24 Der Kreislauf der Kohlenstoff-Atome

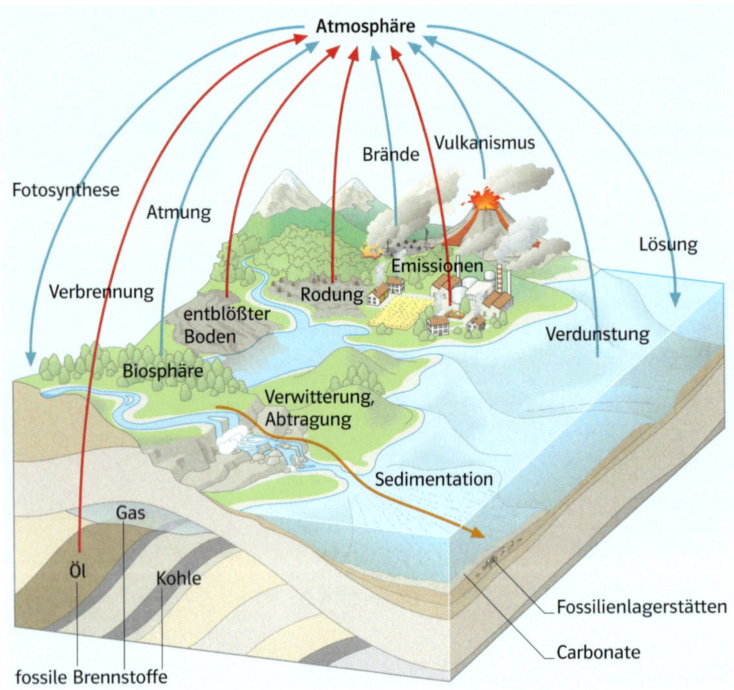

B1 *Der Kohlenstoff-Atom-Kreislauf im Überblick*

Kerogen von griech. keros, Wachs

Kohlenstoff gehört zwar nicht zu den häufigsten Elementen auf der Erde; sein Massenanteil an der Erdkruste beträgt weniger als 0,1%. Jedoch ist der Umsatz der Kohlenstoff-Atome in seinen Verbindungen zwischen Festland, Meer und Atmosphäre für unsere Umwelt von besonderer Bedeutung.

Die Übergänge verlaufen dabei nicht nur in einer Richtung, sondern in einem Kreislauf, dem **Kohlenstoff-Atom-Kreislauf** der Erde [B1]. In diesem Kreislauf erfolgt ein Austausch des Elements Kohlenstoff zwischen den einzelnen *Kohlenstoffspeichern* [B2].

Speicher	Art des Vorkommens	*m*(Kohlenstoff) in 10^9 t
Sediment	Calciumcarbonat Calcium-magnesium-carbonat Kerogen (Kohlenwasserstoff, Bitumen)	60 000 000 15 000 000
Meerwasser	Kohlenstoffdioxid, gelöst Hydrogencarbonat, gelöst	35 000
Fossile Brennstoffe	Kohle, Erdöl, Erdgas	4 100
Tote Biomasse	Humus, Torf	2 500
Lebende Biomasse	Pflanzen, Tiere	800
Atmosphäre	Kohlenstoffdioxid	730

B2 *Speicher von Kohlenstoff-Verbindungen (Massen in Gigatonnen)*

Der geologische Kohlenstoff-Atom-Kreislauf. Bei der Verwitterung von Carbonatgesteinen wird durch das im Regenwasser gelöste Kohlenstoffdioxid ständig aus unlöslichem Calciumcarbonat wasserlösliches Calciumhydrogencarbonat gebildet [B3].

$$CaCO_3 + CO_2 + H_2O \longrightarrow Ca^{2+} + 2\,HCO_3^-$$

Der größte Teil des Hydrogencarbonats wird vom Wasser über die Flüsse ins Meer befördert.
Dort bilden Korallen, Muscheln und Planktonorganismen daraus Schalen und Skelette aus Calciumcarbonat (Kalk). Dabei wird Kohlenstoffdioxid freigesetzt [B3, B4].

$$Ca^{2+} + 2\,HCO_3^- \longrightarrow CaCO_3 + CO_2 + H_2O$$

Sterben diese Meeresorganismen ab, bilden sich daraus Carbonatsedimente. Ein Teil des Calciumhydrogencarbonats wird auch am Festland wieder zu Calciumcarbonat (z. B. Tropfsteine in Tropfsteinhöhlen, B5, rechts). Durch Verschiebungen in der Erdkruste können Carbonatsedimente in große Tiefen gelangen, wo sie sehr hohen Temperaturen ausgesetzt sind. Dort können sie in einer *magmatischen Zersetzung* mit Siliciumdioxid (Quarz) zu Silicaten und Kohlenstoffdioxid reagieren [B5, links].

$$CaCO_3 + SiO_2 \longrightarrow CaSiO_3 + CO_2$$

Kohlenstoffdioxid steigt in Spalten der Erdkruste nach oben. Bei Vulkanausbrüchen werden gewaltige Mengen CO2 in die Atmosphäre abgegeben. Es tritt aber auch in der Umgebung inaktiver oder erloschener Vulkane aus. Häufig kommt Kohlenstoffdioxid im Mineralwasser gelöst an die Erdoberfläche. Es ist auch die treibende Kraft bei Kaltwassergeysiren, wie dem Geysir von Andernach am Rhein [B6].

Im geologischen Kohlenstoff-Atom-Kreislauf wird Kohlenstoffdioxid zwischen Gestein und Atmosphäre ausgetauscht.

Mit Beginn des Industriezeitalters wird der Atmosphäre durch Verbrennen fossiler Brennstoffe mehr Kohlenstoffdioxid zugeführt als ihr entzogen wird. Dadurch steigt ihr Gehalt an CO_2 stetig an.

Der biologische Kohlenstoff-Atom-Kreislauf. An diesem Kreislauf sind Pflanzen und andere Lebewesen beteiligt. Pflanzen wachsen mithilfe der Fotosynthese. Sie entnehmen dazu Kohlenstoffdioxid aus der Luft und bilden in mehreren Schritten zunächst Traubenzucker [B5, Mitte]. Vereinfacht kann man formulieren:

$$6\ CO_2 + 6\ H_2O \longrightarrow C_6H_{12}O_6 + 6\ O_2$$

Die Atome der O_2-Moleküle stammen aus den H_2O-Molekülen. In weiteren Reaktionen entstehen dann z. B. die Kohlenhydrate Stärke und Cellulose. Um für ihre Stoffwechselprozesse Energie zu gewinnen, oxidiert die Pflanze einen Teil der Kohlenhydrate.
Diese Vorgänge werden als *Pflanzenatmung* bezeichnet und können als Umkehrung der Fotosynthese verstanden werden.

$$C_6H_{12}O_6 + 6\ O_2 \longrightarrow 6\ CO_2 + 6\ H_2O$$

Ein Teil des zunächst aufgenommenen Kohlenstoffdioxids gelangt auf diesem Weg wieder in die Atmosphäre.
Die energiereichen Verbindungen, welche die Pflanzen gebildet haben, werden von anderen Lebewesen (Tiere, Menschen) aufgenommen. Diese geben durch Atmung weiteres CO_2 ab. Nach dem Absterben von Pflanzen und Lebewesen beginnt die Zersetzung der organischen Substanz. Bei diesen Abbaureaktionen entsteht unter anderem Kohlenstoffdioxid, das sich z. T. im Boden- oder im Meerwasser löst. Solange die Biomasse der Erde konstant ist, bleibt der Gehalt an CO_2 in der Atmosphäre durch den biologischen Kohlenstoff-Atom-Kreislauf im Wesentlichen unverändert.

B3 Steinkorallen scheiden Kalk ab

Der Aufbau von Kohlenstoff-Verbindungen durch die Aufnahme von Kohlenstoffdioxid bei der Fotosynthese und deren Abbau unter Abgabe von Kohlenstoffdioxid bilden den biologischen Kohlenstoff-Atom-Kreislauf.

Der globale Kohlenstoff-Atom-Kreislauf. Der geologische und der biologische Kohlenstoff-Atom-Kreislauf stehen miteinander in Verbindung [B5].

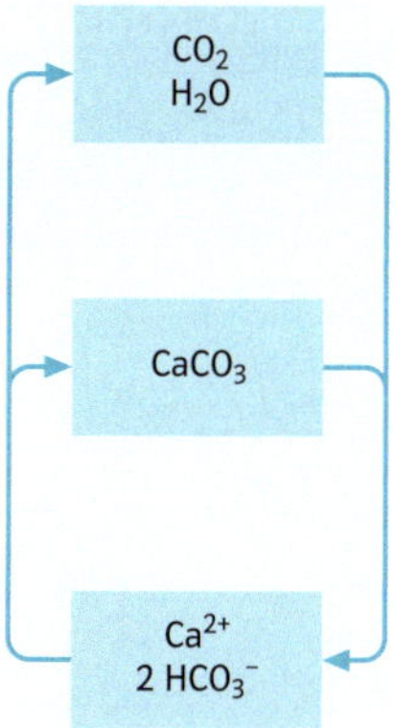

B4 Auflösung und Abscheidung von Kalk als Schema

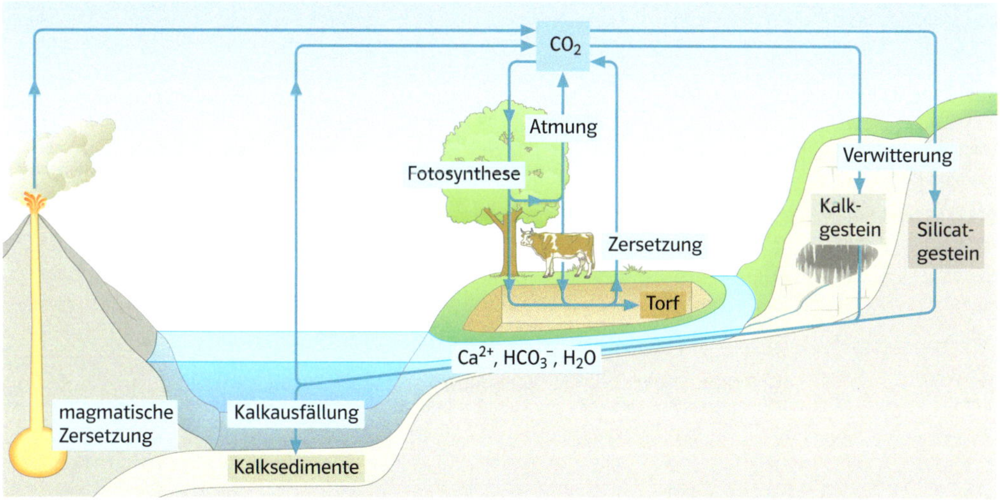

B5 Biologischer und geologischer Kohlenstoff-Atom-Kreislauf stehen miteinander in Verbindung

B6 Geysir in Andernach

Der Name der Dolomiten wie auch des Dolomitgesteins leitet sich von dem französischen Geologen DÉODAT DE DOLOMIEU (1750 – 1801) ab.

A1 Erkläre die Verwitterung von Dolomit, $CaMg(CO_3)_2$. Formuliere auch die Reaktionsgleichung.

A2 Erläutere, welche Folgen Waldrodungen, z. B. für die Anlage von Äckern oder Viehweiden, auf den CO_2-Kreislauf haben.

Anhang Tabellen

Chemische Elemente und Eigenschaften der elementaren Stoffe

Name	Zeichen	Ordnungszahl	Atommasse in u[4]	Dichte[1] in g/cm^3 (Gase: g/l)	Schmelz-temperatur in °C	Siede-temperatur in °C	Name	Zeichen	Ordnungszahl	Atommasse in u[4]	Dichte[1] in g/cm^3 (Gase: g/l)	Schmelz-temperatur in °C	Siede-temperatur in °C
Actinium	Ac	89	227,0278*	10,1	1050	3200	Neon	Ne	10	20,1797	0,84	−249	−246
Aluminium	Al	13	26,981538	2,70	660	2467	Nickel	Ni	28	58,6934	8,90	1455	2730
Antimon	Sb	51	121,760	6,68	630	1750	Niob	Nb	41	92,90638	8,57	2468	4742
Argon	Ar	18	39,948	1,66	−189	−186	Osmium	Os	76	190,23	22,5	2700	5300
Arsen	As	33	74,92160	5,72	613 s	—	Palladium	Pd	46	106,42	12,0	1554	2970
Astat	At	85	209,9862*	—	302	337	Phosphor	P	15	30,973761	1,82 [3]	44 [3]	280
Barium	Ba	56	137,327	3,51	725	1640	Platin	Pt	78	195,078	21,4	1772	3827
Beryllium	Be	4	9,012182	1,85	1278	2970	Polonium	Po	84	208,9824*	9,4	254	962
Bismut	Bi	83	208,98038	9,8	271	1560	Praseodym	Pr	59	140,90765	6,77	931	3512
Blei	Pb	82	207,2	11,4	327	1740	Protactinium	Pa	91	231,03588	15,4	1840	4030
Bor	B	5	10,811	2,34	2300	2550	Quecksilber	Hg	80	200,59	13,55	−39	356
Brom	Br	35	79,904	3,12	−7	59	Radium	Ra	88	226,0254*	5,0	700	1140
Cadmium	Cd	48	112,411	8,65	321	765	Radon	Rn	86	222,0176*	9,23	−71	−62
Caesium	Cs	55	132,90545	1,88	28	669	Rhenium	Re	75	186,207	20,5	3180	5627
Calcium	Ca	20	40,078	1,54	839	1484	Rhodium	Rh	45	102,90550	12,4	1966	3727
Cer	Ce	58	140,116	6,65	799	3426	Rubidium	Rb	37	85,4678	1,53	39	686
Chlor	Cl	17	35,453	2,99	−101	−35	Ruthenium	Ru	44	101,07	12,3	2310	3900
Chrom	Cr	24	51,9961	7,20	1857	2672	Sauerstoff	O	8	15,9994	1,33	−219	−183
Cobalt	Co	27	58,933200	8,9	1495	2870	Scandium	Sc	21	44,955910	3,0	1541	2831
Eisen	Fe	26	55,845	7,87	1535	2750	Schwefel	S	16	32,065	2,07 (rh)	119 (mo)	444
Fluor	F	9	18,9984032	1,58	−219	−188	Selen	Se	34	78,96	4,81	217	685
Francium	Fr	87	223,0197*	—	27	677	Silber	Ag	47	107,8682	10,5	962	2212
Gallium	Ga	31	69,723	5,90	30	2403	Silicium	Si	14	28,0855	2,32	1410	2355
Germanium	Ge	32	72,64	5,32	937	2830	Stickstoff	N	7	14,0067	1,17	−210	−196
Gold	Au	79	196,96655	19,32	1064	3080	Strontium	Sr	38	87,62	2,60	769	1384
Hafnium	Hf	72	178,49	13,3	2227	4602	Tantal	Ta	73	180,9479	16,6	2996	5425
Helium	He	2	4,002602	0,17	−272 p	−269	Technetium	Tc*	43	97,9072*	11,5	2172	4877
Indium	In	49	114,818	7,30	156	2080	Tellur	Te	52	127,60	6,0	449	990
Iod	I	53	126,90447	4,93	113	184	Thallium	Tl	81	204,3833	11,8	303	1457
Iridium	Ir	77	192,217	22,41	2410	4130	Thorium	Th	90	232,0381	11,7	1750	4790
Kalium	K	19	39,0983	0,86	63	760	Titan	Ti	22	47,867	4,51	1660	3287
Kohlenstoff	C	6	12,0107	2,25 [2]	3650 s [2]	—	Uran	U	92	238,02891	19,0	1132	3818
Krypton	Kr	36	83,798	3,48	−157	−152	Vanadium	V	23	50,9415	5,96	1890	3380
Kupfer	Cu	29	63,546	8,92	1083	2567	Wasserstoff	H	1	1,00794	0,083	−259	−253
Lanthan	La	57	138,9055	6,17	921	3457	Wolfram	W	74	183,84	19,3	3410	5660
Lithium	Li	3	6,941	0,53	180	1342	Xenon	Xe	54	131,293	5,49	−112	−107
Magnesium	Mg	12	24,3050	1,74	649	1107	Yttrium	Y	39	88,90585	4,47	1522	3338
Mangan	Mn	25	54,938049	7,20	1244	1962	Zink	Zn	30	65,409	7,14	419	907
Molybdän	Mo	42	95,94	10,2	2610	5560	Zinn	Sn	50	118,710	7,30	232	2270
Natrium	Na	11	22,989770	0,97	98	883	Zirconium	Zr	40	91,224	6,49	1852	4377

Die Elemente mit den Ordnungszahlen 60 bis 71 und ab 93 sind nicht aufgeführt.

[1] Dichteangaben für 20 °C und 1013 hPa

[2] Angaben gelten für Graphit; Diamant: Schmelztemperatur 3550 °C, Dichte 3,51 g/cm^3

[3] Angaben gelten für weißen Phosphor; roter Phosphor: Schmelztemperatur 590 °C (p), Dichte 2,34 g/cm^3

[4] Atommasseneinheit u: 1 u = 0,000 000 000 000 000 000 000 001 660 54 g (*Atommasse des langlebigsten Isotops)

s = sublimiert
p = unter Druck
— = Werte nicht bekannt

Eigenschaften einiger Gase

Name, Formel	Dichte ϱ in g/l [1]	Siedetemp. ϑ_{sd} in °C	Löslichkeit in Wasser [1) 2)]
Wasserstoff (H_2)	0,090	−253	0,022
Helium (He)	0,178	−269	0,01
Stickstoff (N_2)	1,250	−196	0,024
Sauerstoff (O_2)	1,429	−183	0,05
Chlor (Cl_2)	3,214	−35	4,61
Ammoniak (NH_3)	0,771	−33,4	1175

Name, Formel	Dichte ϱ in g/l [1]	Siedetemp. ϑ_{sd} in °C	Löslichkeit in Wasser [1) 2)]
Schwefelwasserstoff (H_2S)	1,539	−60	4,7
Chlorwasserstoff (HCl)	1,639	−85	525
Kohlenstoffdioxid (CO_2)	1,977	−78,5 3)	1,71
Luft	1,293	−194,4	0,03
Schwefeldioxid (SO_2)	2,926	−10,0	79,8

1) bei 0° C und 1013 hPa
2) Quotient aus dem Volumen der (lösbaren) Gasportion und dem Volumen des Wassers (bei 0 °C und 1013 hPa)
3) Sublimationstemperatur

Größen und Einheiten

Name	Zeichen	Größe, Beziehung	Erläuterungen	Einheitenname	Einheitenzeichen
Masse	m			[Kilo]gramm	[k]g
Volumen	V		Produkt aus drei Längen	Kubik[zenti]meter Liter Milliliter	[c]m³ 1 l = 1 dm³ 1 ml = 1 cm³
Dichte	ϱ	$\varrho = \frac{m}{V}$	m: Masse der Stoffportion V: Volumen der Stoffportion		g/cm³ 1 g/l = 0,001 g/cm³
Massenanteil	w	$w_1 = \frac{m_1}{m_S}$	m_1: Masse des Bestandteils 1 m_S: Summe aller Massen (Gesamtmasse)	Prozent	1 $1\% = \frac{1}{100}$
Volumenanteil	φ	$\varphi_1 = \frac{V_1}{V_S}$	V_1: Volumen des Bestandteils 1 V_S: Summe aller Volumina vor dem Mischen	Prozent	1 $1\% = \frac{1}{100}$
Massen-konzentration	β	$\beta = \frac{m_1}{V}$	m_1: Masse des gelösten Bestandteils V: Volumen der Lösung		g/l
Kraft	F	$F = m \cdot a$	a: Beschleunigung	Newton	$1\,N = \frac{1\,kg \cdot m}{s^2}$
Druck	p	$p = \frac{F}{A}$	A: Flächeninhalt	Pascal Bar Millibar	$1\,Pa = 1\frac{N}{m^2}$ $1\,bar = 10^5\,Pa$ 1 mbar = 1 hPa
Energie	E	$W = F \cdot s$	Energie ist die Fähigkeit zur Arbeit W s: Weglänge	Joule Kilojoule	1 J = 1 N · m kJ
Celsiustemperatur	ϑ, t			Grad Celsius	°C
thermodynamische Temperatur	T	$\frac{T}{K} = \frac{\vartheta}{°C} + 273{,}15$		Kelvin	K

Dezimale Vielfache und Teile von Einheiten

Vorsatz		Faktor
p	Piko	10^{-12}
n	Nano	10^{-9}
µ	Mikro	10^{-6}
m	Milli	10^{-3}
c	Zenti	10^{-2}
d	Dezi	10^{-1}
da	Deka	10
h	Hekto	10^{2}
k	Kilo	10^{3}
M	Mega	10^{6}
G	Giga	10^{9}

Umrechnung von Massen- und Volumeneinheiten

1 Tonne = 1000 Kilogramm = 1 000 000 Gramm
1 t = 1000 kg = 1 000 000 g = 10^6 g

1 Gramm = 1000 Milligramm = 1 000 000 Mikrogramm
1 g = 1000 mg = 1 000 000 µg = 10^6 µg

1 Kubikmeter = 1000 Kubikdezimeter = 1000 Liter
1 m³ = 1000 dm³ = 10^3 dm³ = 1000 l = 10^3 l

1 Kubikdezimeter = 1000 Kubikzentimeter = 1 Liter
1 dm³ = 1000 cm³ = 1 l

1 Kubikzentimeter = 0,001 Liter = 1 Milliliter
1 cm³ = 0,001 l = 1 ml

Stichwortverzeichnis

Bildquellenverzeichnis

Alamy stock photo, Abingdon, Oxon (Nigel Cattlin), **52.3a**; Bettina Sommer, Köngen, **32.8**; By Aleksandar Kondinski - kondinski.webs.com, CC BY-SA 4.0, https://commons.wikimedia.org/w/index.php?curid=8890972, siehe *3, **7.11**; Christoph Metzler, Dietikon 2, **60.50b**; Corbis RF, Berlin (Image Source), **48.1**; DKRZ, Hamburg, **51.6**; Elfriede König, Fellbach, **43.11**; Getty Images, München (Fototrove/FRANK SMOUT IMAGES), **50.1**; Getty Images Plus, München (The Image Bank Unreleased/Ron Watts), **49.5**; Image Professionals GmbH/ Science Photo Library, München (ANDREW LAMBERT PHOTOGRAPHY), **14.1**; (DENNIS KUNKEL MICROSCOPY), **46.2**; (Dorling Kindersley/UIG), **16.1c; 16.1c**; (GIPhotoStock/SCIENCE PHOTO LIBRARY), **29.4**; (Martin Dohrn), **5.5c**; imago images, Berlin, **17.7; 24.1**; (Niehoff), **32.9**; Ingram Publishing, Tattenhall Chester, **9.3c**; iStockphoto, Calgary, Alberta (Evgeny Terentev), **60.6b**; (mychadre77), **55.4**; (Nneirda), **25.3**; Kaiser, Harald, Alfdorf-Vordersteinenberg, **16.3a; 16.3b**; Klett-Archiv, Stuttgart, **10.6; 10.7; 11.8; 12.1b; 12.1c; 12.3; 16.1a; 16.1b; 17.6; 20.1a; 20.1b; 20.1c; 26.1; 26.2; 26.5; 36.2; 37.6; 38.1a; 38.1b**; Landesamt für Denkmalpflege im Regierungspräsidium Stuttgart, **50.4a**; Landesamt für Denkmalpflege im Regierungspräsidium Stuttgart (Iris Geiger-Messner), **50.4b**; Lieber, Dr. Werner, Heidelberg, **5.5a**; Lookphotos, München (Karl Johaentges), **50.2**; Mauritius Images, Mittenwald (age), **9.3b**; (Norbert Kramer), **U1.1**; (Rawi), **30.1**; (Schlief), **7.12**; (sciencephotos / Alamy), **25.2**; Menzel, Prof. Dr. Peter, Stuttgart, **13.6**; MEV Verlag GmbH, Augsburg, **45.8**; Normaldesign Gbr, Maria Becker/Jens-Peter Becker, Schwäbisch Gmünd, **60.0; 60.1; 60.2; 60.6a; 60.7; 60.8a; 60.8b; 60.9; 60.10; 60.13; 60.14; 60.18; 60.22; 60.23; 60.24; 60.26; 60.28; 60.30; 60.33b; 60.41; 60.44; 60.45; 60.46; 60.47; 60.50a; 60.54; 60.74; 60.75; 60.77; 60.78; 60.79; 60.82**; Picture-Alliance, Frankfurt (Jan Haas), **42.1**; (Moment Open), **32.10**; (ZB / Thomas Schulze), **33.11**; Seilnacht, Thomas, Bern, **4.3; 12.1a; 12.1d; 12.2; 25.4; 60.3; 60.4; 60.5; 60.6c; 60.11; 60.12; 60.15a; 60.16; 60.17; 60.19; 60.20; 60.21; 60.25; 60.27; 60.29; 60.31; 60.32; 60.33a; 60.34a; 60.34b; 60.35; 60.36; 60.37; 60.38; 60.39; 60.40; 60.42; 60.48; 60.49; 60.51; 60.52; 60.53; 60.55; 60.57; 60.72; 60.73; 60.76; 60.80; 60.81; 60.83**; ShutterStock.com RF, New York, NY (Bildagentur Zoonar GmbH), **39.7a**; (Farknot Architect), **17.8**; (Shulevskyy Volodymyr), **43.8**; stock.adobe.com, Dublin (Goodpics), **52.3b**; (LianeM), **53.6**; (MAK), **46.1**; (M. Schuppich), **9.3a**; (Vladislav Gajic), **5.5b**; Thinkstock, München (hurricanehank), **16.2**; (iStockphoto), **39.7b**; (iStock/astra490), **8.1b**; Toni Cramer, Marbach, **8.1a**; ullstein bild, Berlin (BSIP/Alice S.), **5.4**; Von Holger Weinandt - Eigenes Werk, CC BY-SA 3.0 de, https://commons.wikimedia.org/w/index.php?curid=7178765, siehe *3, **55.5**; www.panthermedia.net, München (kotomiti), **5.6**; www.rauchmelder-lebensretter.de - Alle Rechte vorbehalten eobiont GmbH, **13.8**; Zuckerfabrik Fotodesign, Stuttgart, **4.1a; 4.1b; 4.1c; 13.7; 20.1d; 28.1; 37.5; 45.7**

*3 Lizenzbestimmungen zu CC-BY-SA-4.0 siehe: http://creativecommons.org/licenses/by-sa/4.0/legalcode

Sollte es in einem Einzelfall nicht gelungen sein, den korrekten Rechteinhaber ausfindig zu machen, so werden berechtigte Ansprüche selbstverständlich im Rahmen der üblichen Regelungen abgegolten.

PSE[3] Das Periodensystem der Elemente in drei Ebenen

Atomart	Teilchenebene	Stoffebene
14,0 7 N	N_2	Stickstoff

- **Mittlere Atommasse** in u (radioaktive Elemente: **Nukleonenzahl** des langlebigsten Isotops)
- **Ordnungszahl**
- **Atomsymbol**
- **Chemische Formel**

Kleine Teilchen: Atome, Moleküle

Gitter: Metallgitter, Andere Gitter

Nichtmetalle, Halbmetalle, Metalle

Hauptgruppen I 1, II 2 — Nebengruppen 3, 4, 5, 6, 7, 8, 9 — Perioden

Periode	I (1)	II (2)	3	4	5	6	7	8	9
1	1,0 1 **H** H_2 Wasserstoff								
2	6,9 3 **Li** Li Lithium	9,0 4 **Be** Be Beryllium							
3	23,0 11 **Na** Na Natrium	24,3 12 **Mg** Mg Magnesium							
4	39,1 19 **K** K Kalium	40,1 20 **Ca** Ca Calcium	45,0 21 **Sc** Sc Scandium	47,9 22 **Ti** Ti Titan	50,9 23 **V** V Vanadium	52,0 24 **Cr** Cr Chrom	54,9 25 **Mn** Mn Mangan	55,8 26 **Fe** Fe Eisen	58,9 27 **Co** Co Cobalt
5	85,5 37 **Rb** Rb Rubidium	87,6 38 **Sr** Sr Strontium	88,9 39 **Y** Y Yttrium	91,2 40 **Zr** Zr Zirconium	92,9 41 **Nb** Nb Niob	95,9 42 **Mo** Mo Molybdän	(98) 43 **Tc** Tc Technetium	101,1 44 **Ru** Ru Ruthenium	102,9 45 **Rh** Rh Rhodium
6	132,9 55 **Cs** Cs Caesium	137,3 56 **Ba** Ba Barium	57–71 Lanthanoide	178,5 72 **Hf** Hf Hafnium	180,9 73 **Ta** Ta Tantal	183,8 74 **W** W Wolfram	186,2 75 **Re** Re Rhenium	190,2 76 **Os** Os Osmium	192,2 77 **Ir** Ir Iridium
7	(223) 87 **Fr** Fr Francium	(226) 88 **Ra** Ra Radium	89–103 Actinoide	(267) 104 **Rf** Rf Rutherfordium	(268) 105 **Db** Db Dubnium	(271) 106 **Sg** Sg Seaborgium	(270) 107 **Bh** Bh Bohrium	(277) 108 **Hs** Hs Hassium	(278) 109 **Mt** Mt Meitnerium

Lanthanoide	138,9 57 **La** La Lanthan	140,1 58 **Ce** Ce weiches, silberglänzendes Metall Cer	140,9 59 **Pr** Pr weiches, silberglänzendes Metall Praseodym	144,2 60 **Nd** Nd weiches, silberglänzendes Metall Neodym	(145) 61 **Pm** Pm Promethium	150,4 62 **Sm** Sm weiches, silberglänzendes Metall Samarium	152,0 63 **Eu** Eu weiches, silberglänzendes Metall Europium
Actinoide	(227) 89 **Ac** Ac Actinium	(232) 90 **Th** Th Thorium	(231) 91 **Pa** Pa Protactinium	(238) 92 **U** U Uran	(237) 93 **Np** Np Neptunium	(244) 94 **Pu** Pu Plutonium	(243) 95 **Am** Am Americium